Al-Andalus

Maribel Fierro

CSIC

CATARATA

Catálogo de publicaciones de la Administración General del Estado:
https://cpage.mpr.gob.es

Imagen de portada: Proyecto Albalat, jarrita restaurada en la ESCRBC
(bajo la supervisión de Ángel Gea García)

http://editorial.csic.es
publ@csic.es

Fuencarral, 70
28004 Madrid
Tel. 91 532 20 77
www.catarata.org

isbn (csic):978-84-00-11254-7
isbn electrónico (csic): 978-84-00-11255-4
isbn (catarata): 978-84-1352-950-9
isbn electrónico (catarata): 978-84-1352-951-6
nipo: 155-24-043-9
nipo electrónico: 155-24-044-4
depósito legal: M-4.588-2024
thema: PDZ/3K-ES-B-NHTB

“Si les dices qué pensar, los pierdes;
si les dices qué sentir, son tuyos”.
Roger Ailes (1940-2017), ejecutivo de Fox News

Índice

Introducción

Me dedico al estudio de la presencia islámica en los territorios que hoy son España y Portugal desde que terminé mis estudios de Filología Semítica en 1979 en la Universidad Complutense, en un departamento que estaba, en aquella época, especializado en el conocimiento del pasado musulmán peninsular. Predominaba entonces la denominación de España musulmana para hablar de al-Andalus. Fue este último el nombre que los conquistadores musulmanes dieron a la península ibérica en su conjunto, si bien, en ocasiones, fue utilizado para designar específicamente aquellas regiones que estaban bajo dominio musulmán. Geografía, religión y política no siempre van de la mano.

Los investigadores —y los ciudadanos de sociedades que quieren ser críticas, reflexivas e inclusivas— deben aprender la necesidad de pararse a pensar en la terminología con la que se expresan. Los términos que empleamos reflejan elecciones hechas en contextos históricos y académicos específicos y, por tanto, los conceptos a los que hacen referencia no deben ser tomados por realidades esenciales ni permanentes. Términos y conceptos tienen una historia detrás y por ello tal vez sea necesario abandonarlos o repensarlos cuando la carga que llevan consigo no permite una comprensión adecuada de las realidades a las que pretenden referirse.

Cuando empecé a escribir mi tesis doctoral en 1980, los investigadores españoles empezamos a utilizar de forma cada vez más generalizada el término al-Andalus y a abandonar los que habían sido los preferidos por nuestros predecesores (España árabe, España musulmana) por razones que veremos más en detalle en el capítulo 5. El término al-Andalus tenía una doble ventaja: por un lado, era el nombre que los habitantes musulmanes de la Península habían utilizado y ofrecía, por tanto, lo que los antropólogos denominan una visión interna de esa realidad histórica (*emic*) y, por otro lado, nos permitía repensar nuestro objeto de estudio.

Pero toda elección —por acertada que pueda ser desde el punto de vista científico— tiene pros y contras. En un contexto en el que la escritura de la historia, sobre todo la medieval, seguía estando muy influida por el tipo de nacionalismo fomentado en tiempos de la dictadura franquista, el uso de al-Andalus frente a España musulmana podía agudizar la creencia de que los musulmanes no tenían derecho a un territorio que habrían quitado a los que eran sus legítimos poseedores, los cuales, con el tiempo, lo recuperaron en un proceso legitimado por el hecho de haber sido una "reconquista". Los arabistas españoles centraron sus esfuerzos desde el siglo XIX precisamente en convencer a sus colegas académicos, y al público en general, de que los musulmanes eran "españoles", con el argumento principal de que la mayoría de los que habitaron en la península ibérica bajo dominio musulmán eran descendientes de los pobladores autóctonos, algunos de los cuales abandonaron sus creencias anteriores y se convirtieron al islam. Esto último, para algunos, los hacía sospechosos porque consideraban que la esencia de ser español se cifraba en ser católico. En cualquier caso, los conquistadores fueron un escaso número de musulmanes —que, desde el punto de vista étnico, eran árabes y beréberes—, una mera gota de colorante en una masa de agua que siguió siendo la misma, según la metáfora acuñada por el arabista Julián Ribera (1858-1934).

Tenemos aquí algunos de los ingredientes (religión, etnia, territorio, conquista) con los que en los capítulos que siguen vamos a ver cuáles son las distintas interpretaciones de al-Andalus que circulan en los medios académicos nacionales e internacionales y en formulaciones artísticas (novelas, películas, series televisivas) que influyen de manera decisiva en la memoria y en el imaginario individual y colectivo.

Esas diversas interpretaciones sobre al-Andalus a veces son antagónicas entre sí y, en cualquier caso, responden en la actualidad a contextos distintos como, por dar algunos ejemplos:

1. el nacional español,
2. el del mundo árabe e islámico,
3. el de los judíos (una parte de los cuales son descendientes de los que habitaron en Sefarad, el nombre que dieron a la península ibérica),
4. el del mundo académico estadounidense,
5. el del turismo que atrae a millones de visitantes a monumentos como la Alhambra de Granada.

Algunos de esos contextos han generado una terminología específica: en el primero, por ejemplo, términos como mozárabe y muladí, suelen confundir al no especialista. También pueden generar unas aproximaciones específicas. En el cuarto contexto, por ejemplo, ha primado el enfoque multiculturalista y ha contribuido en gran medida a hacer de al-Andalus un instrumento de lucha contra la islamofobia. Y, por último, pueden buscar generar emociones por encima del conocimiento histórico. Piensen ustedes también en frases como "España es una nación forjada contra el islam", "la España de las tres culturas", "que vienen los moros", y párense a pensar en las implicaciones que tienen y, sobre todo, en quiénes son los que se reconocen en ellas y por qué.

Estos últimos ejemplos remiten al contexto español, ya que escribo pensando fundamentalmente en unos lectores españoles. Pero sobre al-Andalus se ha escrito y se escribe también en otras lenguas, entre ellas en árabe. ¿Hasta qué punto el al-Andalus sobre el que se escribe en árabe sería reconocible para nosotros, nos parecería interesante o tal vez ofensivo

—y viceversa—? Los niños en las escuelas del norte de África aprenden la arenga con la que Tariq ibn Ziyad animó a sus hombres a cruzar el Estrecho, prometiéndoles una recompensa en esta y en la Otra vida y no es casual por ello que uno de los barcos que unen la actual Argelia con España lleve su nombre —el mismo que generó el topónimo Gibraltar, "la montaña de Tariq"—. La figura heroica de Tariq ha dado lugar también a miradas revisionistas por parte de autores árabes que se interrogan de manera crítica sobre sus mitos nacionales y sobre la interpretación religiosa de su historia —de la misma manera que la figura de don Julián, el "traidor" que ayudó a los conquistadores musulmanes, ha sido objeto de revisión por escritores españoles, con alguno (Juan Goytisolo) reivindicándolo con pasión—.

Si Tariq es un nombre que podemos tener en común españoles y árabes a la hora de pensar sobre al-Andalus, ¿qué nos dicen a nosotros nombres como Ibn Abd al-Barr o al-Shatibi, destacados sabios religiosos de al-Andalus, cuya obra tuvo una gran difusión en el mundo islámico en el pasado y sigue siendo relevante en la actualidad? Precisamente porque la suya es una obra "confesional", no cruza fácilmente las fronteras religiosas, culturales y lingüísticas.

En al-Andalus escribieron en árabe no solo los especialistas en el conocimiento religioso islámico, sino también sabios en otras disciplinas de carácter más universal como medicina, astronomía, matemáticas o filosofía. Estos sabios podían pertenecer a cualesquiera de las tres comunidades religiosas que habitaron al-Andalus y algunos de ellos se han hecho famosos porque sus obras sí traspasaron fronteras cuando se tradujeron a otras lenguas para su estudio por quienes no sabían árabe. Aben Ezra, Maimónides, Averroes, son nombres latinizados de algunos de esos sabios con los que el ciudadano cultivado europeo tiene cierta familiaridad, como muestra su aparición en la lista de sabios universales que decora la fachada de la biblioteca de Sainte-Geneviève en París (inaugurada en 1851).

Historias nacionales, historias de la cultura universal, turismo de masas: la presencia de al-Andalus en todo ello es multiforme y polivalente, debido a que ha ocupado un lugar destacado en las reflexiones que distintos grupos han hecho sobre sí mismos, ya sean algunos españoles de los siglos XVI y XVII marcados por la exclusión de una parte de la población, como reflejó Cervantes en la figura del morisco Ricote, ya sean algunos de los judíos europeos del siglo XIX cuando hicieron de Sefarad un modelo para legitimar su salida del gueto, o ya sean los nacionalistas árabes para quienes al-Andalus se convirtió en motivo de orgullo frente a un presente marcado por la hegemonía europea. Al-Andalus ha adquirido una cualidad mítica que es necesario tener en cuenta. Mi experiencia es que cuando hablo sobre al-Andalus, a menudo quienes me escuchan se extrañan —y a veces se ofenden— porque no les devuelvo la imagen que ellos se han formado y que suele estar cargada emocionalmente.

Hablaré sobre al-Andalus en las páginas que siguen como historiadora: a mí me interesa, ante todo, entender cómo fueron las sociedades islámicas que se dieron en la península ibérica, cómo se organizaron desde el punto de vista político y económico, qué concepciones desarrollaron y practicaron sobre el Gobierno, la justicia, la religión, las diferencias entre personas, las relaciones con otras sociedades, qué aportaciones hicieron los andalusíes a la cultura islámica, la española y la universal. Me interesa también cómo se ha representado e imaginado al-Andalus, especialmente a la hora de escribir la historia de España. No tengo un especial apego emocional con al-Andalus ni en sentido positivo ni negativo (de la cita de Roger Ailes que abre el libro me inclino por lo primero, aunque fracase en el intento). Creo que es importante hablar sobre al-Andalus porque es un ejemplo que ilustra bien cómo los seres humanos tendemos a focalizar en personas, lugares o épocas las cuestiones que nos importan y al hacerlo así, la historia queda relegada para dar lugar al mito, al ensueño o a la propaganda. Y creo que se puede disfrutar de los resultados que el poder de la imaginación genera (novelas, poemas, películas, espectáculos) y apreciarlos, sin dejar por ello de hacer el esfuerzo de no sucumbir ante el peso de lo que imaginamos creyéndolo realidad.

Los cuatro primeros capítulos son un recorrido por la historia de al-Andalus en la que el hilo conductor es la complejidad de esa historia determinada, en gran medida, por la situación geográfica: periferia occidental del mundo islámico, frontera con la cristiandad latina, ambivalente relación con la otra orilla del Estrecho marcada por la necesidad y la alteridad, y cómo ello influyó en los procesos y desarrollos de las sociedades y los individuos que conformaron lo que fue al-Andalus.

Los cuatro capítulos de la segunda parte se centran en las "miradas" generadas sobre al-Andalus, tanto por los propios andalusíes como por los demás, miradas que a menudo nos dicen más sobre el que mira que sobre aquel al que se mira.

Un glosario recoge los principales términos utilizados (por ejemplo, "islam", con minúscula, remite a la religión; "Islam", con mayúscula, a la civilización islámica que fue producida también por otros grupos religiosos como los judíos y los cristianos). La bibliografía es selectiva por imposición editorial y no recoge todo lo que está detrás de las páginas que siguen ni hace justicia al ingente número de estudios y de recreaciones fruto de la imaginación que existen sobre al-Andalus. Hay quienes argumentan que al-Andalus es una realidad poco conocida, siendo así que es la región del mundo islámico premoderno más estudiada. En realidad, lo que quieren decir es que "su" al-Andalus —la forma en que se aproximan a su realidad— no es el aceptado por los demás. Al-Andalus tiene un lugar relevante en la historia y en la cultura universales, hasta el punto de que suelo decir que existe una "marca al-Andalus" que se vende sola.

Quiero agradecer de forma general a todos los que a lo largo de los años me han invitado a hablar sobre al-Andalus en distintos foros, ya que me han ofrecido valiosas ocasiones de aprendizaje sobre lo que hago y cómo lo hago. Más en particular, mi agradecimiento a Inma y a Juan. Este libro va dedicado a Adela, Adday, Alejandro, Carlos, Eduardo, Fernando, Javier, Luis y Manuela, compañeros en la aventura de difundir el conocimiento sobre al-Andalus.

PARTE PRIMERA

Una panorámica histórica

Evolución Territorial
800
900
1062
1147
1150
1220
1238
1450
1492
Santiago de Compostela
Oviedo
Pravia
Cangas de Onís
Astorga
León
Burgos
Pamplona
Jaca
Ripoll
Gerona
Barcelona
Palencia
Tudela
Huesca
Zaragoza (1118)
Lérida (1149)
Camarasa (1050)
Braga
Oporto
Zamora
Toro
Simancas
San Esteban de Gormaz
Medinaceli
Salamanca
Segovia
Ávila
Guadalajara
Tortosa (1148)
Coímbra
Coria
Toledo (1085)
Cuenca
Uclés (1108)
Albarracín
Morella (1229)
Valencia (1238)
Consuegra (1097)
Sagrajas
Santarém
Badajoz (1086)
(1230)
Lisboa (1147)
Mérida (1230)
Almadén
Calatrava
Alarcos (1195)
Las Navas de Tolosa (1212)
Denia
Mallorca (1229)
Palma
Menorca (1270)
Ibiza (1235)
Beja
Córdoba (1236)
Úbeda
Jaén (1246)
Murcia (1243)
Cartagena (1243)
Sevilla (1248)
Niebla (1262)
Granada (1492)
Osuna
Almería (1491)
Silves (1242)
Faro (1249)
Jerez (1267)
Málaga (1487)
Cádiz (1263)
Algeciras
Ceuta
0
250
km
EPSG: 25830
Elaborado por la Unidad SIGyHD (CCHS-CSIC)

CAPÍTULO 1

Breve historia política de al-Andalus

La conquista islámica y los primeros emires

En el año 711, tropas al mando del beréber Tariq ibn Ziyad cruzaron el estrecho de Gibraltar y derrotaron al rey visigodo don Rodrigo. Nuevas tropas llegaron poco después al mando del árabe Musa ibn Nusayr. Unidos por una misma religión, el islam, los conquistadores desde el punto de vista étnico eran árabes y beréberes.

La conquista de la península ibérica fue la continuación por el oeste de la oleada conquistadora que, tras la muerte del profeta Muhammad en el año 632, condujo a los musulmanes salidos de la península arábiga a formar un imperio. Esa expansión arabo-islámica fue llevada a cabo bajo el mando de los sucesores del Profeta, los califas "bien guiados" (r. 632-661), y luego, de los califas omeyas (r. 663-750). En el este, el Imperio sasánida desapareció bajo el empuje de los musulmanes, quienes llegaron hasta el valle del Indo por las mismas fechas en las que por el oeste caía el reino visigodo. Por su parte, el Imperio bizantino logró mantener su capital, Constantinopla, pero sufrió fuertes pérdidas territoriales, incluyendo sus posesiones norteafricanas. En pocas décadas, los musulmanes conquistaron Egipto e Ifriqiya (que corresponde al actual Túnez), donde fundaron la ciudad de Qayrawan en 670.

Las tribus beréberes de las regiones que hoy constituyen Argelia y Marruecos ofrecieron resistencia a los conquistadores, mientras que en la península ibérica, una vez derrotado el rey visigodo, esa resistencia fue escasa. Los musulmanes llegaron más allá de los Pirineos, hasta la Narbonense. En el año 732, el avance musulmán quedó frenado tras la derrota en Poitiers, mientras que en la cornisa cantábrica —en un territorio de difícil conquista por su carácter montañoso— emergió un reino cristiano, el de Asturias.

Los califas omeyas, bajo cuyo gobierno se conquistó al-Andalus, reinaban desde Damasco, nombrando gobernadores (emires) para consolidar su dominio en los territorios conquistados. Entre 712-756, hubo 23 emires que gobernaron en al-Andalus en nombre de los omeyas. Su función principal era la de asegurar que la parte del botín que le correspondía legalmente llegase al califa y que lo mismo ocurriese con los impuestos recaudados entre la población conquistada, venciendo la tendencia de los musulmanes locales a acaparar lo recaudado.

La conquista de las principales ciudades se produjo bien por la fuerza de las armas bien por capitulación, en lo que parece haber sido la situación más común. De acuerdo con el derecho islámico, en el primer caso se podía privar a los vencidos de sus propiedades, matar a los hombres y esclavizar a las mujeres y los niños. En el segundo caso, los conquistadores otorgaban un pacto que permitía a los conquistados mantener la vida y la libertad, su religión si eran monoteístas, sus propiedades y su estatus anterior a cambio de unas compensaciones económicas que incluían el impuesto de capitación (*yizya*). Esto es lo que ocurrió en la zona gobernada por Tudmir (Teodomiro), correspondiente *grosso modo* a las actuales provincias de Murcia y Alicante. El hijo de Musa ibn Nusayr en 713 reconoció a Tudmir sus derechos en la zona, a cambio de que no prestase ayuda a ningún enemigo del emir musulmán y de que pagase un cuantioso tributo.

Tras los conquistadores, hubo una segunda oleada de tropas árabes. El califa de Damasco había enviado un gran ejército formado por regimientos sirios para sofocar la revuelta de los beréberes en el norte de África del año 741 y, al ser derrotados, los sirios pidieron a los árabes de al-Andalus que les permitiesen cruzar el Estrecho. Algunos de los beréberes establecidos en al-Andalus también se habían sumado a la rebelión y los árabes andalusíes finalmente accedieron a la petición. Esperaban poder sofocar la rebelión gracias a los nuevos contingentes, a pesar de que eran conscientes de que su llegada necesariamente alteraría la situación política. Efectivamente, poco tiempo después surgió desavenencia entre quienes habían entrado durante la época de la conquista y los recién llegados. De forma más general, la desavenencia sobre quién se haría con el control de al-Andalus fue formulada como la oposición entre árabes del norte (qaysíes) y árabes del sur (yemeníes). Más allá de esa denominación tribal, lo que esa oposición reflejaba en realidad era la existencia de facciones dentro del ejército conquistador que se había dado también en otros territorios y que no implicaba diferencias de tipo ideológico entre una y otra facción, sino una mera lucha por el poder. La división interna facilitó que en el año 756 un hábil exiliado, dotado de una poderosa genealogía árabe, pudiera hacerse con el poder y estableciera una dinastía que, casi dos siglos después, logró imponer en al-Andalus una formación social islámica plena.

El emirato y califato omeyas (siglos VIII-X)

En el año 750, en Oriente, una nueva dinastía, la de los abbasíes, derrocó a los omeyas y trasladó la capital del Imperio islámico de Damasco a Bagdad. De la masacre de la familia omeya se salvó un joven llamado ʿAbd al-Rahman, quien huyó hacia el norte de África buscando refugio entre sus parientes por línea materna, ya que su madre era beréber. Contactó con clientes omeyas que residían en al-Andalus y, una vez que supo que podía contar con su ayuda, cruzó el Estrecho. En 756, derrotó con la ayuda de los árabes yemeníes al emir del momento que se apoyaba en los árabes del Norte. ʿAbd al-Rahman se proclamó entonces primer gobernante del emirato omeya independiente de Córdoba, siendo al-Andalus una de las primeras regiones del Imperio islámico que se gobernó de forma autónoma.

Durante más de un siglo y medio (756-929, fecha esta en la que ʿAbd al-Rahman III se proclamó califa), los emires cordobeses se esforzaron por consolidar su control sobre al-Andalus en tres sentidos: haciendo frente a sus opositores internos, evitando el avance de los reinos cristianos y desarrollando una política religiosa y cultural para fomentar una identidad andalusí que fuera proomeya.

No hubo emir cordobés que no tuviese que hacer frente a rebeldes, ya fuesen árabes, beréberes o muladíes, nombre este con el que se denomina a los autóctonos que se convirtieron al islam. En las zonas fronterizas —la Marca Superior, con capital en Zaragoza; la Marca Central, con capital en Toledo, y la Marca Inferior, con su centro primero en Mérida y luego en Badajoz—, la obediencia a Córdoba tenía que ser impuesta o recordada con frecuencia. En la Marca Superior, emergió un linaje local, los Banu Qasi, emparentados con los reyes de Pamplona, que gobernó en gran medida de forma autónoma, aunque no llegó a romper del todo los lazos con Córdoba. La población de Toledo se caracterizó por su oposición a la injerencia cordobesa, ante lo cual los emires —especialmente al-Hakam I (r. 796-822)— llevaron a cabo una política de feroz represión. La Marca Inferior, donde los asentamientos tribales beréberes eran numerosos, aparece en las fuentes como una zona menos estructurada políticamente que las otras dos. Fue en la segunda mitad del siglo IX cuando las tensiones entre la política centralizadora de los emires cordobeses y los intereses de otros grupos eclosionaron de manera más virulenta. Se conoce este periodo como un periodo de *fitna*, término árabe que hace referencia a las guerras civiles y disensiones violentas entre musulmanes. La historiografía omeya presenta a aquellos que se enfrentaron al proceso de centralización omeya como rebeldes. Algunas de esas rebeliones fueron lideradas por árabes, como ocurrió en Sevilla; otras, por beréberes, como ocurrió en Santaver, y otras, por muladíes. Quien sobre todo puso en jaque a los omeyas fue el muladí Ibn Hafsun (m. 918), cuya figura ha sido interpretada por Manuel Acién Almansa como representativa de la antigua clase de señores de renta (o señores feudales) visigodos. Hasta entonces, las elites de la población indígena habían encontrado acomodo en la nueva sociedad gracias a los pactos establecidos durante la conquista, pero la política centralizadora de los omeyas ponía en peligro su base económica y, por tanto, su pervivencia y ello les habría llevado a la rebelión. Pero esa política centralizadora también amenazaba a los linajes árabes y beréberes que habían logrado establecer bases de poder local. Los rebeldes se aliaron a veces entre ellos. Ibn Hafsun y sus hijos también encontraron apoyo en las comunidades cristianas de la zona de los montes de Málaga donde establecieron su fortaleza más famosa, Bobastro. Los hafsuníes llegaron a amenazar Córdoba, pero ʿAbd al-Rahman III (r. 912-961) consiguió finalmente derrotarlos, tomando Bobastro en el año 928.

Aprovechando esas tensiones internas, los cristianos fueron consolidando su control en la zona septentrional, de lo que dan prueba la transferencia de la capital del reino de Asturias de Oviedo a León tras los avances territoriales hacia el Duero realizados por Alfonso III (r. 885-910), así como el progresivo incremento territorial del reino de Pamplona. Asimismo, los condados catalanes iban adquiriendo autonomía frente al reino franco, como lo hará también el condado de Castilla frente al reino de León bajo Fernán González (m. 970). Una vez que logró pacificar internamente al-Andalus, ʿAbd al-Rahman III pudo concentrarse en frenar el avance al avance cristiano mediante campañas anuales. Estas fueron luego continuadas por Almanzor (m. 1002), el chambelán que se convirtió en el gobernante *de facto* durante el reinado de Hisham II (r. 976-1009). Se trataba de una política de contención sin ningún intento sostenido por extender el territorio musulmán con nuevas conquistas.

Respecto a la política religiosa y cultural, ʿAbd al-Rahman I había construido la mezquita de Córdoba, cuyas ampliaciones bajo sus sucesores reflejan el aumento demográfico progresivo de la comunidad musulmana. La mezquita no era solo el lugar para el rezo, especialmente el comunitario del viernes durante el cual se proclamaba la obediencia al gobernante omeya, sino que se convirtió también en un lugar de enseñanza y sede del tribunal del cadí. Bajo el reinado del hijo y del nieto de ʿAbd al-Rahman I se fue formando el grupo de los ulemas, los especialistas en el saber religioso islámico, incluyendo a los alfaquíes o juristas. Su nieto, al-Hakam I, se sintió amenazado por lo que los ulemas representaban, a saber, la autonomía del campo legal con respecto a los gobernantes, que debían estar sujetos como el resto de musulmanes a las normas del derecho islámico. Reprimió ferozmente la revuelta del Arrabal de Córdoba, cuyos habitantes protestaban por unos impuestos considerados abusivos y en la que esos primeros ulemas tomaron parte. Su hijo y sucesor ʿAbd al-Rahman II (r. 822-852) se dio cuenta de la necesidad de establecer una entente cordial con los ulemas para asegurar el control duradero de la sociedad. Como lo expresó un jurista posterior: "Si quieres sacar a cualquiera aunque no sea más que un dírhem contra la ley, las gentes lo tendrán por odioso y, en cambio, si les sacas mil por vía legal, podrás hacerlo sin que nadie diga nada" (ʿAbd Allah, 1981: 217-218).

Los omeyas favorecieron una determinada interpretación del derecho islámico, la formulada por el medinés Malik ibn Anas (m. 795) y sus discípulos. La prevalencia casi exclusiva del malikismo dio unidad religiosa a al-Andalus.

Los alfaquíes malikíes no se opusieron a la decisión tomada por ʿAbd al-Rahman III de proclamarse califa en el año 929, a pesar de que ello rompía la unidad política de la comunidad islámica que, en teoría, debía estar dirigida por un único califa. No lo hicieron, entre otras razones, porque en el año 909 el califato fatimí se había establecido en Ifriqiya, amenazando con extenderse por el Magreb central y extremo, zona de vital importancia desde el punto de vista comercial y político para los omeyas cordobeses. Los fatimíes no eran sunníes como los omeyas, sino *shi'íes* (*isma'ilíes*) y, por ello, considerados herejes por los ulemas malikíes. La necesidad de contrarrestar la propaganda religiosa y la expansión fatimíes llevó a una intervención directa militar de los omeyas en el norte de África para mantener e incrementar su presencia en la zona. Conquistaron Ceuta en 931 y reforzaron la flota omeya. La proclamación del califato de Córdoba fue acompañada de la acuñación de monedas de oro y de la construcción de una ciudad palatina al oeste de Córdoba, Medina Azahara. La legitimidad omeya se manifestaba así con poderosos símbolos. Otro de esos símbolos fue probar que el califato omeya cordobés podía rivalizar con los otros dos califatos, el fatimí y el abbasí, en cuanto a conocimiento: al-Hakam II (r. 961-976) no solo formó una gran biblioteca que nada tenía que envidiar a las de los otros califas, sino que él mismo fue considerado sabio. A él se debe la espléndida decoración con mosaicos del *mihrab* de la mezquita de Córdoba, reflejo de las relaciones establecidas entonces con Bizancio y también evocadora de la mezquita de Damasco construida por sus antepasados y famosa por sus mosaicos de estilo bizantino.

El hijo de al-Hakam II, Hisham II, llegó al poder siendo un niño, lo cual permitió que su chambelán, el árabe Ibn Abi 'Amir —el Almanzor de las crónicas cristianas—, se hiciese con las riendas del poder e imitase a los omeyas construyendo su propia ciudad palatina y llevando a cabo una nueva ampliación de la mezquita. Tuvo, sin embargo, cuidado en no cuestionar el derecho omeya a la jefatura suprema de la comunidad y de recomendar a sus hijos, los amiríes, que así lo hicieran también. Uno de ellos, el conocido como 'Abd al-Rahman Sanchuelo, sí dio ese paso, haciéndose proclamar sucesor del califa. El escándalo que ello provocó y la decisión de algunos miembros de la familia omeya de oponerse a dicha medida de forma violenta, reclamando su herencia, dio inicio a un nuevo periodo de *fitna*. En las luchas resultantes, que tuvieron como principal escenario Córdoba, se sucedieron distintos pretendientes al trono, apoyándose unos en tropas beréberes importadas del norte de África y otros, en tropas cristianas, que llegaron incluso a entrar en la capital omeya. Durante ese periodo, Medina Azahara fue saqueada y Córdoba fue sometida a masacres y pillaje. Una familia de clientes omeyas, los Banu Yahwar, junto con otros notables cordobeses, declararon abolido el califato omeya en el año 1031 y se hicieron con el poder en la antigua capital califal.

Los reinos de taifas (siglo XI)

Con el colapso omeya, el territorio de al-Andalus se fragmentó políticamente, surgiendo reyes al frente de las distintas taifas, expresión esta usada en la historiografía árabe para hacer referencia a los gobiernos locales en Persia durante el imperio parto. Después de una primera eclosión que vio la aparición de más de 20 reinos de taifas, los reinos de Sevilla, Granada, Toledo, Zaragoza y Badajoz fueron ganando en importancia gracias a una política militar expansionista. En el caso de Denia y Almería, su prosperidad fue debida a una intensa actividad comercial favorecida por su localización. En el lado cristiano, también se producían novedades, como la individualización política de Castilla y Aragón a raíz, en 1035, de la muerte de Sancho III el Mayor, el rey de Pamplona que había sido capaz de unificar buena parte de los dominios cristianos de la Península.

Los que se hicieron con el gobierno de las taifas fueron, en algunos casos, poderosos linajes locales, cuyos miembros eran a menudo quienes ocupaban los cargos nombrados desde Córdoba, como el de cadí. Fueron estas las así llamadas taifas andalusíes, caracterizadas por sus genealogías árabes (reales o ficticias) que las enlazaban con el periodo de la conquista. Un segundo tipo de taifas fueron las eslavas: durante el periodo califal, especialmente durante el gobierno de los amiríes, se compró un gran número de esclavos procedentes de las regiones de Europa central y oriental (eran denominados *saqaliba* en referencia a su origen eslavo) a los que se utilizó para distintos fines, entre ellos, ocupar cargos administrativos provinciales. Estos cargos facilitaron que, al desaparecer el Gobierno central, los esclavos que los ocupaban se hicieran inicialmente con el poder en ciudades como Tortosa, Valencia y Badajoz, si bien, al tratarse en su mayoría de eunucos, no pudieron formar dinastías. Por último, surgieron taifas gobernadas por los así llamados beréberes nuevos, grupos clánicos importados desde el norte de África, sobre todo en época de Almanzor, para integrarlos en el ejército. Destacaron entre ellos los ziríes que se hicieron con la taifa de Granada. Estaban emparentados con los que gobernaban en Ifriqiya actuando como delegados de los califas fatimíes: estos, después de conquistar Egipto y trasladar allí su capital, perdieron en gran medida el interés por sus posesiones norteafricanas y dejaron por tanto de ser una amenaza para los intereses andalusíes en la zona.

Estos reyes de taifas no fueron rebeldes, pues lo que hicieron fue mantener en funcionamiento el engranaje político cuando el centro que lo controlaba desapareció, replicando a pequeña escala la forma en que dicho centro había funcionado. Se mantuvo además la necesidad de remitirse a una legitimidad superior, prestándose obediencia en algunas taifas a un falso Hisham II, cuya "reaparición" tras su fallecimiento en 1013 fue proclamada por primera vez en Sevilla. En otras taifas se prestó obediencia a unos nuevos califas, los hammudíes (r. 1016-1056), miembros de la dinastía Idrisí que había gobernado en el Magreb extremo (actual Marruecos) y cuyo fundador era un descendiente del Profeta. Pero la solución más duradera a largo plazo, como atestiguan las acuñaciones de moneda, fue prestar obediencia a un anónimo Príncipe de los creyentes referido como el imam ʿAbd Allah (servidor de Dios), que podía interpretarse como el califa abbasí de Bagdad, pero que no era sino una solución inteligente que salvaba la idea de unidad califal en un contexto en el que no había un dirigente unánimemente reconocido que personificase dicha unidad.

Dados los frecuentes procesos de fisión y fusión que tuvieron lugar durante el siglo XI, la historia política de este periodo es compleja. Un eje prioritario de las actividades de los reyes de taifas fue que sus cortes respectivas pudiesen rivalizar en esplendor con las del resto, gastando enormes sumas de dinero al construir palacios, recompensar a poetas para que los ensalzasen en sus panegíricos y fomentar las ciencias religiosas y profanas. Esto último fue posible gracias a la dispersión de la biblioteca de al-Hakam II y a la emigración de numerosos sabios cordobeses que buscaron mecenazgo y protección en otras ciudades. Del florecimiento constructivo palaciego han quedado pocos restos, sobresaliendo la Aljafería de Zaragoza. Del que tuvo lugar en el campo del saber y de la literatura nos han quedado muchos más. En poesía sobresalen los versos de Ibn Zaydun (m. 1071), de la princesa omeya Wallada (m. 1087) y del rey de Sevilla al-Muʿtamid (m. 1091). Por lo que se refiere a otros géneros, de esta época son varias obras extraordinarias: la innovadora producción intelectual del cordobés Ibn Hazm (m. 1064) en derecho, religión, historia y literatura; la historia de las ciencias del toledano Saʿid (m. 1070); la obra histórica del cordobés Ibn Hayyan (m. 1076) y la autobiografía del rey de Granada ʿAbd Allah (m. después de 1095).

El gasto llevado a cabo en dar magnificencia y rodear de símbolos de prestigio a los reyes de taifas no tuvo paralelo en el campo militar. La debilidad resultante fue compensada por lo que se refiere al peligro exterior al recurrir al pago de tributo —las parias— a los reyes cristianos e incluso a la alianza con estos para combatir a otros reyes de taifas. Ello ocurría en un siglo en cuya segunda mitad se puso en marcha el movimiento de las Cruzadas que lograría arrebatar la ciudad de Jerusalén a los musulmanes en 1099. Un preludio de la oleada expansionista cristiana fue la conquista en 1064 de Barbastro, fortaleza arrebatada al rey de la taifa de Zaragoza por un ejército de tropas cristianas locales y ultrapirenaicas. Barbastro volvió al poco tiempo a manos musulmanas, pero su pérdida había sido una señal de lo que estaba por venir. Unos 20 años después, en 1085, el rey de Castilla Alfonso VI (1065-1109) se hacía con Toledo y la ciudad nunca sería recuperada, marcándose así el comienzo del progresivo retroceso territorial de los musulmanes.

La integración en los imperios beréberes: almorávides y almohades (siglos XI-XIII)

Fue esa conquista cristiana de Toledo la que impulsó a reyes de taifas como el de Sevilla a buscar ayuda militar en la otra orilla del Estrecho, donde se había formado una nueva entidad política, el Imperio almorávide. El movimiento almorávide surgió entre beréberes sanhaya, camelleros nómadas del desierto involucrados en el comercio caravanero con la zona subsahariana, proveedora de sal y oro. Sus líderes tribales buscaron una mayor islamización de su sociedad invitando a establecerse entre ellos a un ulema malikí, Ibn Yasin (m. 1059). Bajo la autoridad combinada de ese líder religioso y la del liderazgo político de la tribu lamtuna —en especial de Yusuf ibn Tashfin—, los almorávides salieron de su hábitat natural para lanzarse a la conquista de nuevos territorios tanto hacia el sur como hacia el norte. Fundaron hacia 1070 la ciudad de Marrakech como su capital y por las mismas fechas conquistaron Fez, donde prosiguieron su expansión por el norte y ocuparon Ceuta, Tánger, Tremecén, la región de Orán y la ciudad de Argel, y se detuvieron al llegar a territorio bajo control zirí en 1082-1083. Fue esta potencia militar que tantos éxitos había logrado la que llevó a los andalusíes a buscar la ayuda almorávide contra unos reinos cristianos en amenazadora expansión. En 1086 Yusuf ibn Tashfin atravesó el Estrecho y se dirigió hacia Badajoz, que sufría la presión castellana. La batalla de Zalaqa o Sagrajas, que enfrentó al rey de Castilla con los almorávides, vio el triunfo de estos. Unos años después, entre 1090 y 1091, habiendo llegado a la conclusión de que los reyes de taifas eran incapaces de defenderse por sí solos, Yusuf ibn Tashfin derrocó al rey de Granada y luego al de Sevilla, y poco a poco los almorávides fueron incorporando al-Andalus a su imperio: Valencia, que estaba en manos del Cid, fue ocupada después de la muerte de este en 1099; a continuación, cayeron el valle del Ebro y las Baleares en 1116. Al-Andalus pasó así a ser gobernada desde Marrakech.

Los almorávides legitimaban su gobierno por la práctica del yihad para "propagar la verdad, reprimir la injusticia y abolir los impuestos ilegales", así como por reconocer al califa sunní de Bagdad. Los andalusíes aceptaron su sumisión a gentes a las que veían como extrañas por lengua y por costumbres (por ejemplo, los hombres iban velados como los actuales tuaregs) como un mal necesario, siempre y cuando cumplieran con lo que prometían. Cuando las necesidades militares obligaron a los almorávides a imponer impuestos considerados ilegales y empezaron a sufrir derrotas a manos de los cristianos —Zaragoza fue conquistada en 1118 por Alfonso I el Batallador—, los andalusíes les fueron retirando ese apoyo condicional. La desafección creciente culminó hacia 1145, con numerosas rebeliones lideradas por cadíes y jefes militares locales, así como por un místico, Ibn Qasi, al frente de sus novicios en el Algarve. Estos rebeldes en ocasiones contaron con el apoyo de los reyes de Castilla y Aragón. Los andalusíes pudieron beneficiarse de que los almorávides estaban ocupados en el norte de África haciendo frente a la amenaza de un nuevo movimiento, el de los almohades, y lograron así establecer unas nuevas taifas.

Estas, sin embargo, duraron poco tiempo al ir cayendo en manos de los almohades. Los almohades eran beréberes masmuda de las montañas del Atlas en el sur de Marruecos. Uno de ellos, Ibn Tumart, se proclamó *mahdi* (mesías), logrando unir a sus contríbulos para atacar a los almorávides. El triunfo militar vino de la mano del sucesor del *mahdi*, el beréber Zanata ʿAbd al-Mu'min, quien conquistó Marrakech en 1147 tras haberse hecho con el norte de Marruecos y la región de Orán, y se proclamó califa. Continuó luego su expansión hacia Ifriqiya, donde derrotó a las tribus árabes que habían penetrado en la zona y a los normandos que habían ocupado Mahdiyya. A partir de 1147, los almohades empezaron también a intervenir en al-Andalus, donde se hicieron primeramente con la zona occidental, en la que tuvieron que hacer frente al avance del que por aquellos años se estaba constituyendo en el reino de Portugal (en 1139, Alfonso I se autoproclamó rey). Tardaron más en hacerse con la zona levantina, debido a la resistencia ofrecida por un descendiente de los reyes taifas de Zaragoza, Sayf al-Dawla (Zafadola) Ibn Hud, y por un antiguo oficial de este, Ibn Mardanish, que se hizo fuerte en la zona de Murcia. A su muerte en 1172, los almohades continuaron la ocupación del territorio andalusí que hasta entonces se les había resistido, aunque no lograron recuperar lo que había sido perdido. Crearon así un imperio que unificaba por primera vez todo el Occidente islámico, desde Tripolitania hasta el Atlántico y desde el Sahara hasta al-Andalus.

En 1195, el poderío militar almohade era aún lo suficientemente fuerte como para que el tercer califa al-Mansur (r. 1184-1199) derrotase a Alfonso VIII en la batalla de Alarcos. Pero a partir de esa fecha, tensiones internas entre los jeques tribales y las elites religiosas almohades —los así llamados *talaba*, una creación de ʿAbd al-Mu'min—, así como rivalidades entre los miembros de la dinastía Mu'miní, fueron debilitando el poder almohade. Un síntoma de esa debilidad interna fue la derrota de Las Navas de Tolosa en 1212, así como que pretendientes al trono como al-Ma'mun (r. 1227-1232) tuviesen que recurrir a la ayuda de tropas cristianas para hacerse con el poder en Marrakech. Con al-Ma'mun acaba el gobierno efectivo almohade en al-Andalus. En 1228, un jefe militar que se decía descendiente de los reyes taifas de Zaragoza, Ibn Hud al-Mutawakkil, se rebeló en la región de Ricote con un programa antialmohade y proabbasí, aunque en el terreno militar se vio obligado a depender del apoyo cristiano, viéndose incapaz de frenar a los reyes de León, Castilla y Aragón que aprovecharon la debilidad militar musulmana para hacer significativas conquistas.

La Granada nazarí y los andalusíes bajo dominio cristiano

Córdoba y Valencia cayeron en manos cristianas en 1236 y 1238, y Sevilla en 1248. No fue Ibn Hud quien logró salvar un reducto final, sino un hombre de Arjona, hecho a la lucha fronteriza, conocido por Ibn al-Ahmar (el hijo del rojo), que se hizo fuerte en la zona de Jaén, Granada y Málaga. Desde esa base territorial pudo establecer una dinastía, la nazarí, que duró desde 1232 hasta 1492, donde dejó como legado más conocido el palacio de la Alhambra.

Entre las razones que hicieron posible la pervivencia del reino nazarí se cuentan un territorio montañoso que dificultaba la penetración del enemigo, un poblamiento denso por la presencia de los refugiados de los territorios perdidos por los musulmanes, las disensiones internas de los cristianos que les impedían hacer acciones conjuntas, el recurso por parte de los nazaríes a la ayuda militar de los meriníes —una de las dinastías que se habían establecido en el Magreb extremo (actual Marruecos)— y el pago de cuantioso tributo a los cristianos. La habilidad diplomática de los nazaríes para navegar estas difíciles aguas merece ser destacada. El pago de tributo fue posible gracias a una floreciente economía, basada en una rica agricultura que incluía el cultivo de la caña de azúcar y de la seda, y en un comercio muy activo en el que participaban mercaderes extranjeros como los genoveses. Esa misma riqueza económica fue también un aliciente para la conquista cristiana que se hizo posible con la unión de los reinos de Castilla y Aragón mediante el matrimonio de los Reyes Católicos. Boabdil, el último rey nazarí, entregó la ciudad en 1492, casi 40 años después de que, en el otro extremo del Mediterráneo, Constantinopla hubiese sido conquistada por los otomanos y desapareciera el último reducto del Imperio romano de Oriente.

Los términos de la capitulación de Granada garantizaban los derechos de los pobladores del reino, que podían conservar sus propiedades y su religión, es decir, pasaban a ser mudéjares —súbditos musulmanes que vivían en territorio cristiano—, como lo eran los pobladores de los otros territorios andalusíes conquistados por los reyes cristianos. Esa condición de mudéjar no duró mucho en Granada. La pragmática del 12 de febrero de 1502 impuso la conversión forzosa de los súbditos musulmanes que habitaban en Castilla: aunque dicha conversión no se menciona explícitamente, sí se decretaba la expulsión de los musulmanes, pero esta resultaba tan dificultosa que la única salida que les quedaba era la de convertirse al catolicismo. La anulación de los derechos concedidos en Granada unos años antes se justificó por las revueltas de los mudéjares granadinos que tuvieron lugar entre 1499 y 1501. La conversión forzosa se extendió más tarde a Aragón con características específicas. Los mudéjares pasaron a ser moriscos y se impuso la homogeneidad religiosa de los súbditos.

Cuatro meses después de la conquista de Granada, los Reyes Católicos habían decretado la expulsión de los judíos de su territorio. Por su parte, los musulmanes convertidos eran sospechosos de seguir profesando su religión en secreto e incluso de buscar el apoyo otomano para recuperar el control territorial. Entre 1609 y 1614 se decretó su expulsión: se calcula que unos 300 000 salieron de la Península. La mayoría se instaló en el norte de África, donde pudieron contar en ocasiones con redes de solidaridad y apoyo de los andalusíes emigrados o refugiados allí con anterioridad; otros se instalaron en territorios del Imperio otomano. Pero los hubo que se quedaron y otros que regresaron después de la expulsión.

CAPÍTULO 2
El mosaico andalusí

Árabes, beréberes y la población autóctona

En una de las aleyas del Corán, Dios le dice al Profeta: "Así es como te revelamos un Corán árabe" (C 42:7) y en otra se afirma: "Cada comunidad tiene un enviado" (C 10:47). El islam como religión nació estrechamente asociado a una lengua, el árabe, y al pueblo que hablaba dicha lengua. Los árabes eran paganos en su mayoría (había algunos que se habían convertido al judaísmo y al cristianismo), pero eso no siempre había sido así, ya que como pueblo se daba una genealogía que los vinculaba al profeta monoteísta por excelencia, Abraham. Este tuvo dos hijos: con su esposa Sara, tuvo a Isaac, de quien descienden los judíos; con su esclava Hagar, tuvo a Isma'il, de quien descienden los árabes. Entre Abraham y Muhammad hubo profetas árabes como Hud y Salih, que recordaron a sus tribus su obligación de adorar a un único Dios. Otros profetas —como Noé, Lot, Moisés y Jesús (quien para los musulmanes no es hijo de Dios)— se habían dirigido a otros pueblos y algunos de entre ellos también habían recibido la revelación divina plasmada en Escritura, a saber, la Torá y el Evangelio. Pero los judíos y los cristianos no habían sabido preservar correctamente esa revelación, por lo que Dios se veía obligado a dirigirse de nuevo a otro pueblo mediante un nuevo enviado de Dios que estaba destinado a ser el último. Los árabes podían, pues, vanagloriarse de haber recibido la palabra de Dios en la última de las Escrituras sagradas y de haberla extendido fuera de su solar originario, la península arábiga, llevándola a gran parte del mundo conocido.

El sentimiento de superioridad resultante por parte de los árabes caracteriza los primeros siglos del Islam. Al-Sumayl, un poderoso jefe tribal árabe del siglo VIII en al-Andalus, oyó a un maestro que enseñaba a los niños la aleya 3:140: "Nosotros hacemos alternar esos días entre los hombres (*al-nas*) para que reconozca Dios a quienes crean y tome testigos de entre vosotros". Expresó entonces su convicción de que el término "los hombres" (*al-nas*) en esa aleya solo podía hacer referencia a los árabes. Cuando se le hizo ver que no era así, sino que se refería a los seres humanos en general, mostró su desagrado porque ello significaba que los árabes tenían que compartir la autoridad y el poder con los esclavos y con el populacho o, dicho de otra manera, con los no árabes. Un siglo más tarde, el ulema cordobés de origen árabe Ibn ʿAbd al-Salam al-Jushani se burlaba de otro ulema, Muhammad ibn Waddah (m. 900), nieto de un esclavo manumitido por ʿAbd al-Rahman I que procedía de Oviedo, sugiriendo que su origen no árabe le impedía tener un dominio adecuado de la lengua. Nada de la obra conservada de Ibn Waddah permite, empero, suponer que no poseyese tal dominio, pero de nuevo la anécdota revela como algunos andalusíes de origen árabe intentaban mantener espacios de supremacía sobre el resto de la población.

La toma del poder en al-Andalus por parte de los omeyas contribuyó a contrarrestar la arrogancia de los árabes, ya que, si bien los omeyas eran ellos también árabes, querían gobernar para todos sus súbditos, árabes y no árabes, musulmanes y no musulmanes. Además, pusieron el énfasis en los méritos de la tribu, los quraysh, a la que pertenecían: era esta la tribu del Profeta, la elegida para que de ella salieran los califas. Fue sobre todo con ʿAbd al-Rahman III y su decisión de proclamarse Príncipe de los creyentes cuando se hizo un mayor esfuerzo por insistir en la igualdad de todos los musulmanes en tanto que tales, promoviéndose una identidad andalusí por encima de las diferencias étnicas. En otras palabras, el califa intentó no ser asociado con un grupo étnico específico para obtener de esa manera una base de apoyo más amplia. Situaba para ello a su linaje por encima del resto y al hacerlo, los demás quedaban igualados por abajo.

Aun así, la genealogía árabe mantuvo un gran prestigio y en al-Andalus se insistió en ella como forma también de distanciarse de los beréberes llegados siglos después que, como los almorávides y los almohades, estaban poco arabizados y mantenían señas de identidad propias. En un momento en que los almorávides, beréberes sanhaya, empezaban a sufrir derrotas militares y por tanto dejaban de cumplir con lo que los había hecho aceptables como gobernantes extranjeros, un secretario y hombre de letras andalusí expresó la aversión hacia ellos con estas duras palabras: "Es hora de que [...] os devolvamos a vuestro desierto y limpiemos la Península de vuestra suciedad" (al-Marrakushi, 1955: 134).

En las biografías de granadinos ilustres de época nazarí escritas por Ibn al-Jatib (m. 1374), a casi todos ellos se les atribuye una genealogía árabe. Efectivamente, el número de genealogías árabes que se registra en las fuentes aumenta con el paso del tiempo. ¿Que está reflejando realmente este fenómeno? Los árabes que se establecieron en al-Andalus —unos pocos miles— eran de religión musulmana y constituyeron en la primera época una minoría, tanto desde el punto de vista étnico como religioso. Pero a pesar de ser minoritarios, tenían a su favor desde el punto de vista demográfico que podían captar mujeres de la población conquistada, mientras que el proceso inverso no era posible: el derecho islámico permite a los musulmanes casarse con mujeres no musulmanas, pero no permite a los judíos y a los cristianos casarse con mujeres musulmanas. Además, para los musulmanes estaba permitida la poligamia, por lo que podían casarse con hasta cuatro mujeres y tener un número ilimitado de concubinas esclavas. Los hijos nacidos de tales uniones mixtas eran obligatoriamente musulmanes y, además, el nombre que se les daba reflejaba tan solo la filiación paterna, de manera que si el padre era árabe, sus descendientes llevaban el "apellido" tribal árabe (*nisba*) de este. Este marco legal favorecía, por tanto, el crecimiento demográfico de los musulmanes y estos, al principio, eran casi exclusivamente los árabes.

Por otro lado, los árabes no dejaban de ser minoritarios en un territorio, el de la península ibérica, donde la mayoría de la población era no árabe y además cristiana. Una institución legal permitía a los no árabes entrar a formar parte del grupo de los conquistadores e incluso fundirse con ellos: la clientela. Un esclavo no árabe manumitido por su dueño árabe podía adquirir un lazo de clientela con este asimilable en parte al parentesco. El patronazgo suministraba a los clientes (*mawali*, singular de *mawla*) una conexión genealógica con sus patronos que se reflejaba en la asunción de un "apellido" árabe. Si un no árabe era cliente de un árabe de la tribu de kinana, podía llamarse al-Kinani y, con el paso del tiempo, el hecho de que lo fuese por clientela se olvidaba, de manera que acababa pasando por árabe. Esta institución es otro factor a tener en cuenta en ese aumento de las genealogías árabes con el paso del tiempo.

El ejército conquistador que se estableció en al-Andalus estaba formado por árabes y también por sus clientes, constituyendo estos poderosos grupos de apoyo para hacerse, por ejemplo, con el poder. Fue el caso de Yusuf al-Fihri, gobernador de al-Andalus (r. 747-756), quien disponía de un abundante número de clientes. Una vez derrotado por el omeya ʿAbd al-Rahman I, sus clientes dejaron de tener presencia política y social, y lo mismo ocurrió con los de los otros árabes de la conquista, mientras que los clientes omeyas se vieron fortalecidos. Los omeyas cordobeses acapararon, en efecto, la institución, sirviéndose de esos clientes —a los que recompensaban generosamente por sus servicios y su fidelidad— para los nombramientos de cargos en la administración. Aunque pudiese olvidarse el origen no puramente árabe de los antiguos clientes, en ciertas circunstancias se podía sacar a la luz, como ocurrió a comienzos del siglo XI, durante el periodo del colapso califal omeya, cuando clientes como los Banu Yahwar de Córdoba tomaron el poder: un texto escrito por esa época recordaba a los *mawali* que ellos eran tan solo esclavos manumitidos, sujetos al liderazgo de otros, siervos obligados a obedecer. Esa advertencia señalaba que la realidad había —de hecho— cambiado y que los árabes ya no podían detentar el poder en exclusividad.

Entre los conquistadores no solo había árabes, también beréberes. A esos primeros beréberes que entraron en al-Andalus se los distingue de los que entraron posteriormente —como los sanhaya ziríes y almorávides, y los masmuda almohades— porque se arabizaron pronto y se fundieron en la identidad andalusí promovida por los omeyas, aunque de algunos de ellos se siguiese recordando su origen beréber. De la misma manera que la memoria de las genealogías árabes se conservó por escrito, también se hizo lo mismo con las de los beréberes. Y de la misma manera que los árabes se insertaron en las genealogías bíblicas como descendientes de Abraham a través de Isma'il, los beréberes buscaron a su vez vincularse a los árabes. Entre los vínculos que desarrollaron se contaba, por ejemplo, una conexión con Qays 'Aylan, antepasado de los árabes del norte, siendo los beréberes descendientes de uno de sus hijos. Los califas almohades se remitieron a esta línea, mientras que los emires almorávides hicieron uso de otra versión según la cual los beréberes descendían de Himyar, árabes del sur. Sirvieron estas genealogías para reclamar prestigio y privilegio en una cultura en la que la genealogía era un lenguaje de poder.

Fue un cadí de origen beréber nombrado por 'Abd al-Rahman III el que ideó cómo dotar de genealogía árabe a los musulmanes que carecían de ella. Cuando el Profeta se había establecido en Medina, las tribus árabes que lo acogieron recibieron la denominación de al-Ansar, que significa los defensores. Pues bien, ese cadí, Mundhir ibn Sa'id al-Balluti, de la tribu beréber de nafza, dijo que todo aquel musulmán, independientemente de su origen étnico, que ayudase de alguna manera al islam, tenía el derecho a llamarse al-Ansari. Así, terminó siendo este el "apellido" (*nisba*) más frecuente en al-Andalus y su popularidad tuvo que ver con el hecho de que remitía a un contexto de arabidad filtrada por la religión.

Entre los méritos que los beréberes esgrimieron a su favor como pueblo se hallaban su religiosidad y su defensa del islam. A pesar del ingrediente beréber en la población andalusí, los textos andalusíes que critican y denigran a los beréberes norteafricanos, en términos étnicos, culturales y religiosos, son muchos, revelando el papel crucial que estos tuvieron en la construcción de la identidad andalusí frente a un "otro" cercano a cuya fuerza militar los andalusíes tuvieron que recurrir para hacer frente al "otro" cristiano y que por eso mismo —por necesitarlo— despertó recelos.

Entre la población conquistada —hispanorromanos y visigodos—, tan solo en el caso de estos últimos ha quedado huella genealógica bajo la forma al-Quti que aparece en los nombres de algunos individuos. Especialmente interesante es el caso del historiador del siglo X conocido como Ibn al-Qutiyya (el hijo de la Goda). Este personaje era descendiente del matrimonio de la hija del rey Witiza, Sara, con un miembro del ejército árabe. Como ya se ha mencionado, los vástagos nacidos de matrimonios mixtos seguían la religión del padre (el islam) y tomaban el apellido de este si era árabe, sin que en su cadena onomástica quedase reflejado el parentesco femenino. Es el caso de Tudmir, ese notable que en la zona de Murcia se sometió al ejército musulmán por medio de un pacto. Un jefe militar árabe, ʿAbd al-Yabbar ibn Jattab ibn Marwan, se casó con la hija de Tudmir, concediéndole el padre dos aldeas como dote. Los descendientes de este ʿAbd al-Yabbar fueron una de las familias locales más importantes en la zona hasta el final del dominio musulmán, pero la memoria genealógica de sus antepasados maternos —a quienes debían la fortuna familiar— no tuvo reflejo alguno en su onomástica. ¿Por qué se preservó la memoria de la antepasada visigoda en el caso de Ibn al-Qutiyya? Se ha visto en ese apelativo de hijo de la Goda una expresión de *shuʿubiyya*, término árabe que hace referencia a la lucha de los musulmanes no árabes por poner freno al sentimiento de superioridad de los árabes, haciéndolo en dos frentes. Por un lado, recordándoles que el islam les pertenecía a ellos también y que en el Corán se decía que "el más noble de entre vosotros es el que más Le teme" (C 49:13): era la religión, la piedad y devoción, y no la etnia, lo que determinaba la valía de un musulmán. Por otro lado, recordando a los árabes su pasado pagano y poco glorioso. La *shuʿubiyya* tuvo especial desarrollo en la zona irania: dado su pasado imperial, los persas se vanagloriaron de que ellos construían magníficos edificios y desarrollaban una sofisticada cultura, mientras los árabes comían lagartos. La población indígena en la península ibérica no tenía un imperio que recordar parecido al de los persas y los ejemplos de *shuʿubiyya* en al-Andalus son escasos. Ninguno de los reyes de taifas andalusíes reivindicó un linaje preislámico como el visigodo, a diferencia de lo que ocurrió en Persia, donde la herencia preislámica fue utilizada para legitimar a gobernantes locales.

Musulmanes, cristianos y judíos

Los árabes que llegaron en 711 eran musulmanes desde hacía cierto tiempo, mientras que los beréberes eran conversos relativamente recientes. La población de la península ibérica estaba cristianizada en su mayor parte y había también una minoría judía, por lo que no hubo conversión forzosa: los musulmanes no obligaban a aquellos que eran monoteístas como ellos a abandonar su anterior religión. Entre las poblaciones beréberes del norte de África, los que eran paganos habían tenido, en cambio, que convertirse forzosamente al islam, ya que en territorio musulmán no se permitía la presencia del paganismo.

El estatuto legal que permitía la presencia de comunidades monoteístas no musulmanas en territorio islámico era el de la *dhimma* o pacto de protección: a cambio de pagar un impuesto especial que los musulmanes no pagaban, se garantizaba a los cristianos y judíos que podían seguir practicando su religión, regirse por sus normas y costumbres y mantener sus propiedades. Con este tipo de pacto, no había persecución ni conversión forzosa contra los cristianos y los judíos, pero sí discriminación.

El empleo de judíos y cristianos al servicio de los gobernantes era relativamente frecuente, como fue el caso del judío Hasday ibn Shaprut (m. *ca.* 970), figura destacada de la corte califal cordobesa, donde ejerció como encargado de las aduanas y embajador en los reinos cristianos. Determinados contextos políticos hicieron posible que no musulmanes llegasen a ocupar puestos de poder sobre los musulmanes. En el reino taifa de Granada, los gobernantes eran beréberes llegados hacía poco tiempo a la Península y, por tanto, no asimilados a la población local. Desconfiaban de esta y buscaron apoyo en la minoría judía, nombrando a Isma'il ibn Nagrela visir con mando sobre tropas. Su hijo Yusuf le sucedió en el cargo, pero, a diferencia de su padre, hizo ostentación de sus riquezas y de su poder, lo cual provocó un pogromo en el año 1066 en el que se dio muerte a un gran número de judíos. Fue un ataque contra la vida y las propiedades de los judíos, pero no contra su derecho a mantener su religión. Ese derecho se vio anulado, en cambio, bajo los almohades, cuando se produjo uno de los escasos episodios de conversión forzosa que se han dado a lo largo de la historia del Islam, como veremos en el capítulo 6.

Aparte de estos dos episodios, las comunidades judías tuvieron un florecimiento demográfico, cultural, económico y religioso en al-Andalus a partir del siglo X, hasta el punto de que su experiencia se ha definido como una "edad de oro". Lucena fue descrita por el geógrafo al-Idrisi en el siglo XII como la "ciudad de los judíos", cuyos habitantes eran más ricos que los judíos de cualquier otra región del mundo islámico.

No ocurrió lo mismo con la comunidad cristiana, que sufrió un proceso de debilitamiento progresivo desde el punto de vista demográfico en el que convergieron varios factores: el resultado de las uniones mixtas al que ya se ha hecho referencia, el proceso de conversión individual al islam, la emigración a las tierras cristianas del norte peninsular y, en época almorávide, la deportación al norte de África de aquellas comunidades locales que habían apoyado la campaña de Alfonso I el Batallador por tierras andalusíes en el año 1126. Ese apoyo se vio como una ruptura del pacto de la *dhimma*, lo cual permitía actuar contra dichas comunidades según las normas del derecho islámico. Se suele considerar que la época almohade, con su imposición de la conversión forzosa a los no musulmanes, supuso el golpe final a una comunidad cristiana ya muy debilitada, de manera que a partir del siglo XII no tiene presencia apenas en las fuentes.

Las lenguas de al-Andalus y el proceso de arabización

Las distintas comunidades de al-Andalus utilizaban distintas lenguas, entre ellas el árabe, que acabaron teniendo en común. A la hora de delinear la situación lingüística, hay que tener en cuenta no solo a los distintos grupos étnicos y religiosos, sino también la evolución temporal dentro de cada uno de ellos, si la lengua que hablaban se ponía por escrito o no y sus distintos registros (por ejemplo, el árabe dialectal frente al árabe culto). Tendemos a asociar la lengua árabe a los musulmanes, pero, como vamos a ver, judíos y cristianos se arabizaron. A su vez, a partir del momento en que hubo comunidades musulmanas viviendo en territorio cristiano, estas fueron perdiendo el árabe y adoptando el romance (la lengua local derivada del latín) como lengua materna.

Al principio, el árabe era la lengua exclusivamente de los conquistadores árabes y reflejaba su distinta procedencia con variedades diferentes, si bien ello no impedía que se entendiesen entre sí. Esas diferencias dejaron huella en las distintas formas de hablar el árabe, por lo que los especialistas hablan de la existencia de un "haz dialectal andalusí".

El grado de arabización lingüística de los beréberes que entraron en el periodo de la conquista variaba según el tiempo que llevasen en contacto con araboparlantes. Su lengua era el beréber, que tenía también variantes internas. Los beréberes "viejos" —los que llegaron en la época de la conquista— que se asentaron en núcleos urbanos se arabizaron, mientras que los que se asentaron en contextos rurales debieron de preservar su lengua materna más tiempo. Los beréberes que llegaron después, los beréberes "nuevos", trajeron sus hablas beréberes propias. Pero como estas no han dejado casi huella escrita, nos es difícil establecer sus características. Es, sobre todo, en época almohade cuando las fuentes recogen algunos testimonios escritos de la lengua beréber.

La población indígena hablaba un latín que iba evolucionando hacia el romance, como estaba ocurriendo en otras de las antiguas provincias del Imperio romano y en la parte septentrional de la Península, dando lugar a nuevas lenguas como el catalán, el castellano, el francés, el gallego o el italiano. Los cristianos que tenían, por distintas razones, frecuente trato con los árabes (por ser sus clientes, esclavos o sirvientes, o por tener lazos de parentesco) acabaron arabizándose, mientras que aquellos que vivían en contextos con poco contacto —de nuevo en zonas rurales— debieron de seguir siendo monolingües más tiempo. Sabemos algo del romance hablado en al-Andalus gracias, por ejemplo, a un testimonio fascinante: el de las jarchas, versos en lengua romance preservados en escritura árabe. Una de las consecuencias de las uniones mixtas a las que antes se ha hecho referencia es que una familia, sobre todo en la primera época, estaba formada por miembros que podían tener religiones diferentes y también hablar diferentes lenguas. Los araboparlantes tenían, a menudo, parientes que hablaban romance y a través de ellos se familiarizaban con la lengua local.

Los cristianos cultos, especialmente aquellos relacionados con la Iglesia, utilizaban el latín, la lengua escrita de los textos religiosos y legales. A mediados del siglo IX, un cristiano de Córdoba, Álvaro, se quejaba de que los jóvenes de su comunidad se habían encandilado con la poesía árabe. Un amigo de Álvaro, Eulogio (m. 859), viajó al norte peninsular y trajo de vuelta libros en latín, tal vez con la intención de elevar la formación en esa lengua, pero no parece que obtuviera éxito. Es por esa época cuando los cristianos empiezan a traducir textos latinos al árabe, lo cual refleja un creciente grado de arabización. Se tradujeron así los Salmos, la *Historia*, de Orosio, y más tarde los cánones de la Iglesia visigoda. Esa arabización de los cristianos se refleja también en las glosas en árabe que aparecen en algunos textos latinos que circulaban por la península ibérica, así como en el nombre mozárabe usado en textos de la zona cristiana para referirse a los cristianos emigrados procedentes de al-Andalus. Sobre ese término y la realidad que refleja volveremos en el capítulo 5.

Por lo que se refiere a la comunidad judía, en ella la lengua hebrea ocupaba una centralidad especialmente señalada por motivos religiosos. A lo largo de su diáspora, las comunidades judías mantuvieron el hebreo como lengua religiosa y de culto, y la comunidad judía andalusí no fue una excepción. Al mismo tiempo, se arabizó profundamente tanto a la hora de hablar como de escribir, de manera que una gran parte de su producción intelectual está en lengua árabe. Uno de sus sabios, Yehudah ibn Tibbon, tras huir de la persecución almohade y refugiarse en el sur de Francia, tradujo al hebreo obras compuestas en árabe. Ibn Tibbon recordaba en su nueva tierra que los judíos que habitaban en el Imperio islámico se habían arabizado y describía la lengua árabe como "una lengua rica, totalmente adecuada para cada tema y cada necesidad ya sea de un orador o de un autor, dotada de una recta y clara retórica para expresar la esencia de cualquier asunto más de lo que es posible en hebreo" (Halkin, 1972: 1320).

El proceso de islamización

La arabización fue decisiva en el proceso de islamización. Por islamización se entienden dos fenómenos relacionados. El primer fenómeno es la conversión al islam, es decir, el paso de una creencia previa a la religión islámica. Los monoteístas (judíos y cristianos, ya fuesen hombres o mujeres) podían convertirse al islam voluntaria e individualmente. Es imposible precisar cuántos lo hicieron en al-Andalus. Lo que sí sabemos es cómo lo hacían, pues se han conservado los formularios notariales que se debían rellenar cuando tal conversión tenía lugar. La conversión implicaba consecuencias de tipo económico, dado el cambio en el régimen tributario que favorecía al converso, pero también sociales, porque abría nuevas posibilidades profesionales. En el caso de las mujeres, había otras consecuencias: por ejemplo, si la mujer se convertía al islam pero su marido no, el matrimonio quedaba disuelto automáticamente. Por otro lado, si ambos se convertían, la mujer tenía que adaptarse no solo a las restricciones alimentarias de la nueva religión como en el caso de los conversos en general, sino a un nuevo régimen matrimonial que incluía la poligamia y el divorcio.

El segundo fenómeno es el de la islamización cultural, es decir, hace referencia al hecho de que las comunidades no musulmanas que vivían bajo dominio islámico sufrieron un proceso de aculturación que no se limitaba a la arabización lingüística, sino que implicaba también nuevas formas de vestir, de sociabilidad y de cultura en general. La islamización cultural podía desembocar en la conversión religiosa, pero no necesariamente, como muestra el caso de los judíos. Esa amenaza fue sentida especialmente por algunos sectores de la comunidad cristiana, tal y como revela el movimiento de los mártires cordobeses del siglo IX, hombres y mujeres cristianos que buscaron el martirio voluntario insultando al islam públicamente en un intento de alertar a sus correligionarios del peligro de pérdida de identidad religiosa y cultural que los amenazaba. Sobre ellos volveremos en el capítulo 6.

La islamización en al-Andalus se produjo en el contexto sunní. Hay dos grandes tendencias en el islam: el sunnismo, que corresponde a la mayoría de musulmanes, y el *shi'ismo*, minoritario. En un primer momento, reflejaron las divergencias sobre quién debía suceder al profeta Muhammad como líder espiritual y político, pero implicando también distintas concepciones religiosas, por ejemplo, sobre el papel del carisma y el conocimiento de lo oculto, siendo los *shi'íes* partidarios de darles un lugar central en la experiencia religiosa. Los andalusíes a lo largo de su historia fueron fundamentalmente sunníes y, dentro del sunnismo, seguidores de la escuela malikí.

El trato fiscal al que estaban sometidos los beréberes paganos obligados a convertirse al islam en el norte de África, considerado injusto y abusivo, llevó a algunos grupos a rebelarse contra los árabes y a sentirse atraídos por doctrinas religiosas como las de los jariyíes que ponían especial énfasis en la igualdad entre creyentes. Entre los beréberes andalusíes de los primeros siglos también se detecta alguna presencia de jariyíes.

Los esclavos y las mujeres

Hemos visto que para el árabe al-Sumayl los conquistados eran esclavos y populacho. La conquista trajo consigo la esclavización de parte de la población conquistada, como había ocurrido en otras partes del mundo islámico. Además, al-Andalus tuvo un papel muy importante en el comercio de esclavos. Solo se podía esclavizar a los no musulmanes, pero si un esclavo se convertía al islam, no por ello dejaba de ser esclavo, a no ser que su amo lo manumitiese, de manera que podía haber esclavos musulmanes por conversión o por haber nacido de padres esclavos musulmanes, ya que los hijos heredaban el estatuto personal de sus padres. La manumisión de los esclavos era una práctica altamente recomendada por la religión islámica, por ejemplo, como expiación por distintos tipos de pecado.

No parece que hubiese mano de obra esclava empleada en el trabajo agrícola o en las minas en número reseñable, mientras que su presencia en el ámbito doméstico sí está bien documentada, sobre todo en las casas de familias pudientes y en las cortes de los gobernantes: a mediados del siglo X, se dice que en Medina Azahara había 13 000 esclavos. Especialmente apreciados eran los esclavos procedentes de Europa, los *saqaliba*, algunos de los cuales eran castrados, operación peligrosa que podía provocar la muerte y que elevaba el precio de los eunucos. Estos eran empleados como guardianes de los espacios donde residían las mujeres y como mayordomos o administradores domésticos. Algunos de ellos alcanzaron gran poder económico e influencia, pudiendo determinar la elección de un sucesor al trono. Ya se ha mencionado como, tras el colapso del califato omeya, algunos se hicieron con el poder. Fue en Denia donde Ibn Garsiya (García), un autor de origen vasco, compuso una epístola que pertenece al género de la *shu'ubiyya* mencionado anteriormente. En ella criticaba a los árabes y se puede entender como un intento por legitimar el gobierno del rey de Denia.

Los esclavos negros eran empleados no solo en el servicio doméstico, sino también en el ejército. Algunos tratados sobre el zoco recogen información sobre cómo se clasificaba a los esclavos y a qué características y posibles defectos había que atender para valorar su precio. Las relaciones entre dueños y esclavos estaban reguladas en sus detalles por el derecho islámico, si bien la teoría no siempre se correspondía con la práctica. Esclavos y esclavas estaban expuestos al maltrato por parte de sus dueños y se sabe de comerciantes de esclavos que obligaban a las esclavas a abortar cuando así les convenía, sobre todo si las utilizaban para la prostitución (lo cual estaba prohibido por el derecho islámico).

Las madres de los gobernantes omeyas eran originariamente esclavas y ese origen no significaba un estigma social. Las mujeres esclavas destinadas a la corte recibían a menudo una formación para que adquiriesen habilidades especiales para el entretenimiento de sus amos, por ejemplo, como músicas y cantantes. Los reyes de taifas rivalizaron en comprar esclavas que sobresalían en determinadas artes —e incluso en conocimientos de tipo científico como el uso del astrolabio— y cuyo precio alcanzaba sumas considerables. En otros contextos, las esclavas y los esclavos podían aprender a escribir para ayudar a sus dueños, entre otras cosas, si estos ejercían como copistas o libreros.

Las mujeres en la sociedad andalusí, como otras sociedades medievales, vivían en un contexto de patriarcado, lo cual implicaba que no gozaban de los mismos derechos que los varones. Concretamente, las mujeres según el derecho islámico heredaban la mitad que sus parientes varones y estaban sometidas a la voluntad de sus maridos en cuanto al divorcio; no obstante, tenían la posibilidad de iniciarlo ellas tan solo en circunstancias muy específicas que implicaban además una pérdida económica por su parte. Eso no quiere decir que su situación fuera uniforme, ya que se veía afectada por la etnia, la religión, el estatuto personal o la situación económica.

Hemos visto que los árabes en la primera época tenían una posición dominante y tendían, por ello, a no ceder mujeres fuera de su grupo étnico y a privilegiar el matrimonio con el primo paterno, una tendencia que se documenta entre los linajes más "aristocráticos". Las mujeres árabes eran, por definición, mujeres libres, mientras que las beréberes, judías o de la comunidad indígena podían ser libres o esclavas. Disponemos de información, fundamentalmente, sobre las mujeres de las clases superiores, aunque a menudo esa información se limita a nombres, por ejemplo, de las madres de los emires y califas omeyas. Las concubinas que daban a su dueño un hijo pasaban a una categoría especial que impedía que pudiesen ser vendidas o casadas con otro hombre y separadas de sus vástagos. Estos podían heredar de sus padres.

La ley islámica reconoce a las mujeres derechos económicos: pueden tener propiedades, recibir un salario y disponer de sus finanzas sin interferencia. Generalmente, esas propiedades procedían de la herencia y también de la dote recibida de sus futuros maridos. Algunas llegaron a ser muy ricas, como la viuda de Almanzor, quien usó su fortuna para intervenir en la convulsa política del final del califato omeya. Mujeres de época omeya fundaron mezquitas, fuentes y otro tipo de obras públicas.

Las mujeres ejercían diversos tipos de trabajo. El trabajo de las campesinas no tiene apenas reflejo en las fuentes, pero en esto la sociedad andalusí no es excepcional entre las de la etapa premoderna, caracterizada por la tendencia a la invisibilización del trabajo realizado por mujeres. El trabajo que más se pone en relación con la mujer es la producción de textiles, a menudo llevada a cabo en la casa, pero también sabemos de algunas que ejercían como sirvientas, lavanderas, peluqueras, plañideras, nodrizas, cantantes, vendedoras ambulantes... Las parteras podían actuar como expertas en el tribunal del juez.

Si el contexto familiar era favorable, algunas mujeres podían alfabetizarse y adquirir conocimientos. Las que ejercían como médicas que atendían dolencias de mujeres solían tener parientes varones médicos. Las "mujeres sabias" andalusíes de las que tenemos noticia pertenecían a menudo a familias de ulemas y fueron educadas por sus padres o hermanos, pero rara vez enseñaron a su vez a varones ni parecen haberse formado en derecho, que era el saber que más oportunidades profesionales abría. Había mujeres santas que fueron maestras, por ejemplo, del místico murciano Ibn ʿArabi. Otras eran conocidas por su especial devoción: en Algeciras, una mujer vivió durante más de 20 años en una mezquita ayunando constantemente. Las mujeres no tenían, en principio, prohibido el acceso a los lugares religiosos como las mezquitas, si bien debían ceñirse a espacios reservados para su sexo.

CAPÍTULO 3

Gobierno, economía, derecho y vida cotidiana

Gobernantes y gobernados

Los creyentes son iguales ante Dios, pero ello no obsta para la existencia de jerarquías en la sociedad. Los clientes, los no musulmanes, los esclavos y las mujeres ocupaban lugares subalternos y entre ellos se podían establecer también diferencias de estatus, según su etnia y sus medios económicos, por ejemplo.

Los gobernantes eran quienes tenían mayor interés y recursos para manifestar públicamente su lugar en la sociedad. En el pensamiento político islámico, se partía de la idea de que la sociedad humana se basó desde el principio en la división del trabajo y que debía ser regulada por una ley divina para poder funcionar. Las leyes eran necesarias para hacer frente a los conflictos causados por las distintas naturalezas y las ambiciones de los seres humanos. Esas leyes, a su vez, requerían la presencia de alguien que asegurase su aplicación. El encargado de hacerlo era el imam, equivalente al guía que conduce la caravana a través del desierto, evitando que se desvíe por terrenos peligrosos y logrando que llegue sana y salva a la meta final.

Idealmente, el gobernante al frente de la comunidad de musulmanes debía ser un varón de quraysh, la tribu del Profeta, y cumplir una serie de requisitos de capacidad física y mental, además de religiosos. El ideal era también que solo hubiese un gobernante —el califa— para mantener unida la comunidad islámica. Si el ideal era el de un liderazgo único, la realidad es que desde muy pronto los musulmanes se pelearon entre ellos por cuestiones relativas precisamente sobre quién debía ser ese imam, si debía primar la genealogía o la piedad religiosa (en este punto, los musulmanes se dividían entre sunníes/*shi'íes*, por un lado, y jariyíes, por otro) o si el imam era vicario (jalifa, de donde viene el término califa) de Dios o vicario del Profeta de Dios, es decir, si tenía contacto directo con la Divinidad o solo a través del Profeta (en este punto los musulmanes se dividían entre sunníes y *shi'íes*). En al-Andalus, como ya se ha dicho, predominó la visión sunní: el imam debía ser quraysh y vicario del Profeta de Dios. Fue en el Occidente islámico (norte de África al oeste de Egipto y al-Andalus) donde antes se tradujo en realidad permanente la ruptura del ideal del liderazgo único, al consolidarse los califatos fatimí y omeya cordobés durante la primera mitad del siglo X. Antes, en 756, al-Andalus se transformó en un emirato independiente de Bagdad, realidad esta —la de la emergencia de poderes autónomos— que, al extenderse a otras regiones, llevó a la aceptación de una pluralidad de gobernantes (reyes, sultanes) en la práctica.

Para los emires y califas omeyas de Córdoba, su legitimidad residía en la herencia de sus antepasados, los califas omeyas de Damasco, legitimidad que reforzaron localmente mediante construcciones como la mezquita de Córdoba y la ciudad palatina de Medina Azahara y mediante títulos que hablaban de sus logros: 'Abd al-Rahman III era al-Nasir li-Din Allah, el que había traído la victoria a la religión de Dios por sus triunfos sobre los rebeldes internos y los enemigos externos. Tras el desafío representado por la apuesta califal hecha por el amirí 'Abd al-Rahman Sanchuelo, la incapacidad de la familia omeya para ponerse de acuerdo en un candidato único y los sufrimientos que trajeron las luchas internas resultantes, finalmente un grupo de notables cordobeses declaró la abolición del califato omeya cordobés en 1031. A partir de entonces, algunos gobernantes reconocieron el califato abbasí de Bagdad, como hicieron algunos reyes de taifas, los almorávides y el líder antialmohade Ibn Hud. Ya se ha mencionado en el capítulo 1 a los califas hammudíes que reinaron durante unas décadas en la primera mitad del siglo XI y a los califas almohades, beréberes que adoptaron una genealogía árabe para legitimar su titulación. El siglo XI también normalizó el gobierno de reyes, cuya legitimidad derivaba, ante todo, del hecho incontrovertible de que ejercían el poder, lo cual podía revestirse luego con títulos altisonantes y genealogías de prestigio.

En la península ibérica se produjo también una situación que, en general, fue excepcional en el mundo islámico antes de la época colonial: la existencia de comunidades de musulmanes bajo gobierno cristiano. Estas comunidades mudéjares (aljamas o morerías) tenían sus propias autoridades que ejercían de mediadoras con las cristianas, podían regirse por sus propias leyes y practicar su religión, pero su obediencia era debida a un gobernante que no era musulmán. En la doctrina prevalente en el derecho islámico, en una situación así, los musulmanes debían emigrar a territorio islámico, aunque hubo juristas que argumentaron que, siempre y cuando pudiesen vivir de acuerdo con las normas de la ley revelada (*shari'a*), podían permanecer en esa situación. Hubo incluso algún jurista que planteó la cuestión de si era mejor vivir bajo un gobernante que fuese justo, aunque no musulmán, que bajo uno musulmán injusto. En general, en el pensamiento político sunní predominó el quietismo y la condena de la rebeldía frente al gobernante injusto, porque se temía más a la *fitna* (el conflicto interno entre musulmanes) que a la tiranía.

El gobernante necesitaba una administración para asegurar la recaudación de impuestos, así como la defensa del territorio frente a enemigos externos, la pacificación interna frente a rebeldes, el control del orden público en las ciudades y el control también del entorno familiar del gobernante. Esa administración incluía, entre otros, a los visires o ministros, los funcionarios del tesoro y de los almacenes del Estado, los administradores del ejército, los secretarios y los prefectos de policía.

Estas personas formaban parte de la *jassa* o elites, término que se contrapone al del común del pueblo o *ʿamma*: los campesinos que constituían la mayor parte de la población, los artesanos, los comerciantes del zoco, los pobres... La administración hablaba directamente a toda la población del imperio y los gobernantes ganaban o perdían la lealtad de sus súbditos sobre todo a través de esta. El vínculo que se establecía a través de ella era simultáneamente simbólico y real: la recaudación de impuestos y la aplicación de la justicia eran, al mismo tiempo, manifestaciones e indicios fidedignos del poder y de la legitimidad de los gobernantes, revelando tanto la extensión de su control como la legalidad y moralidad con la que ejercían dicho control. En este proceso, el papel de los ulemas o especialistas en el saber religioso (sobre todo, en el derecho) era determinante, ya que de ellos dependía, por un lado, el establecimiento de lo que era la legalidad y la moralidad y, por otro lado, la valoración de hasta qué punto la actuación del gobernante se ajustaba a ellas. Esa valoración influía de manera poderosa en las masas: a pesar de que —con la excepción de los verdaderamente piadosos y devotos— la religión formaba el marco más que el contenido de la existencia diaria, la movilización de la sociedad se hacía a través de símbolos religiosos.

No hubo mujeres que se convirtiesen en gobernantes en al-Andalus. Las que habitaban en palacio podían, de manera excepcional, llegar a ejercer una cierta influencia en la política si se daban una serie de circunstancias: la personalidad y edad de sus hijos y el apoyo que podían recibir de alguna de las facciones palaciegas. Fue el caso de Subh, una esclava de origen vasco y madre de Hisham II que heredó el califato siendo menor de edad, o de la "sultana" nazarí Umm al-Fath, quien mantuvo correspondencia con mujeres de la realeza cristiana y tuvo cierta presencia en las relaciones diplomáticas del reino de Granada.

El ejército

La historia de al-Andalus tiene un principio, la conquista islámica del año 711, y un final, la conquista cristiana del reino nazarí de Granada en 1492. El primer acontecimiento fue posible por unas tropas bien organizadas y muy motivadas que habían sido capaces, en menos de un siglo, de extender el dominio islámico desde el valle del Indo hasta el Atlántico. El segundo acontecimiento fue posible por el predominio militar cristiano. ¿Por qué los andalusíes finalmente no pudieron competir con los cristianos en el frente militar? (sobre este punto se volverá en el capítulo 6). Ese frente está omnipresente en las crónicas, en las que se recoge fundamentalmente información sobre conflictos bélicos, ya sea entre musulmanes o de estos con enemigos externos, cubriendo batallas de relevancia como las de Zalaca-Sagrajas (1086), Alarcos (1195), al-ʿUqab-Las Navas de Tolosa (1212) y El Salado (1340).

Esas crónicas nos informan de la existencia de tropas regulares, guardias palatinas, levas de soldados no profesionales, voluntarios y milicias locales, pero los detalles no siempre están claros ni tampoco los cambios que se produjeron. Esos cambios se pueden advertir en la iconografía recogida en obras cristianas, como los beatos, la escultura románica y las cantigas, o en los marfiles de época omeya (la iconografía producida en el mundo islámico es mucho más limitada que la del mundo cristiano). Si el ejército conquistador iba asociado al empleo de arcos y flechas, más tarde se puede documentar el uso de ballestas y de otro tipo de armamento, incluyendo armas de fuego en época nazarí.

El ejército del emirato omeya se estructuraba en los regimientos de las tropas árabes sirias que fueron asentadas en circunscripciones fiscales para asegurar su mantenimiento y movilización. Esta estructura fue reformada en época califal y, sobre todo, por Almanzor, que dio entrada a grupos tribales norteafricanos. Los gobernantes andalusíes, en general, buscaron tener dentro del ejército tropas que les fuesen especialmente leales actuando como guardias palatinas, para lo cual lo más efectivo era reclutarlas entre grupos diferentes de los de la mayoría de la población (esclavos europeos y africanos, beréberes y mercenarios cristianos).

Las campañas militares de Almanzor contra los reinos cristianos (más de 50, llegando hasta Santiago de Compostela) fueron una importante fuente de legitimación y de botín: se dijo que el número de esclavas concubinas aumentó tanto que se redujo el número de matrimonios con mujeres libres. Fortificaciones como la impresionante de San Esteban de Gormaz reflejan materialmente el impacto que la frontera militar tenía sobre la organización del territorio, lo que podía dar lugar a poderes locales cuyas actuaciones, alianzas e intereses a menudo cruzaban las fronteras religiosas.

Las campañas de Almanzor, aunque lograron hacer retroceder la frontera hasta la línea del Duero, no tuvieron como resultado un dominio efectivo sobre las regiones saqueadas, de manera que los reinos cristianos pudieron disponer de unas bases territoriales en las que desarrollar su fuerza militar, generando un tipo de sociedad que estaba enfocada hacia la expansión guerrera. Dada la prosperidad de la sociedad andalusí, las posibles ganancias eran muy atractivas. Durante el periodo de guerras civiles que llevaron al colapso del califato, la presencia de tropas cristianas que ayudaron a los bandos musulmanes en liza permitió a estas darse cuenta de que los musulmanes tenían sus puntos débiles. Esa intervención militar cristiana continuó en época de taifas, siendo su más destacado representante el Cid, quien combatió a sueldo de los hudíes de Zaragoza.

La conquista de Toledo en 1085 obligó a los reyes de taifas a buscar fuera la fuerza militar que les permitiese poner freno al avance cristiano, encontrándola en la otra orilla donde las tribus beréberes generaban no solo eficaces ejércitos, sino también imperios que acabaron incorporando a al-Andalus. Los almorávides —que trajeron consigo tropas negras que incluían mujeres— tuvieron éxito militar durante un tiempo. Cuando empezaron a cosechar fracasos militares, los andalusíes les retiraron su apoyo y buscaron otras fórmulas, dando por ejemplo el poder a quienes entre ellos tenían experiencia militar, como fue el caso de Ibn Mardanish (r. 1147-1172) en Murcia. Pero el número y el peso de los ejércitos formados con efectivos locales no llegó a ser lo suficientemente importante como para constituir una alternativa eficaz.

La conquista de al-Andalus por parte de los almohades, con su gobierno centralizado, trajo consigo la intervención de un poderoso ejército que incluía también una importante flota, de la que también habían dispuesto los omeyas gracias a los arsenales establecidos en localidades como Tortosa y Almería. El ejército almohade era capaz de mover grandes contingentes, lo que tenía sus inconvenientes, especialmente cuando la administración fallaba a la hora de proveerlos de los suministros que necesitaban y ello fue especialmente grave durante la crisis dinástica interna que desembocó en la pérdida de Mallorca (1229), Valencia (1238), Córdoba (1236), Sevilla (1248), Silves (1242) y Faro (1249).

Si el emirato nazarí de Granada pudo permanecer 260 años fue porque sus gobernantes supieron combinar las alianzas con los poderes vecinos, tanto del lado cristiano como del musulmán (los meriníes o benimerines), el pago de tributo, el aprovechamiento de las debilidades de los cristianos y una hábil diplomacia respaldada en intereses económicos y comerciales. Todo ello los ayudó en el frente militar, además de contar con un servicio de espionaje y una red de atalayas y fortificaciones fronterizas que demostraron una gran eficacia, hasta que la unión de Castilla y Aragón con los Reyes Católicos y las disensiones internas nazaríes permitieron la conquista del último Estado musulmán independiente en la península ibérica.

Agricultura y comercio

La agricultura constituía en al-Andalus, como en otras sociedades medievales, la base de su economía. La arqueología en zonas rurales nos permite entender mejor la vida de las comunidades campesinas sobre cuyas condiciones de vida las fuentes escritas no dan mucha información, pues se centran más en las fincas productivas y de recreo de los notables, cultivadas por esclavos y arrendatarios. De algunas de estas almunias han llegado hasta nosotros restos arquitectónicos, como es el caso de al-Rummaniyya en Córdoba.

La abundante literatura agronómica generada en al-Andalus nos permite conocer las técnicas agrícolas utilizadas, así como identificar cuáles eran los principales productos agrícolas y ganaderos que se consumían y se vendían en los mercados o zocos. Algunos de esos productos agrícolas llegaron a la península ibérica tras la conquista islámica: fue el caso de las berenjenas, las alcachofas, el arroz y la caña de azúcar, entre otros. Para el cultivo de las plantas que así lo requerían, en determinadas regiones, se desarrollaron complejos sistemas hidráulicos que perfeccionaron los ya existentes de época romana y también innovaron, como ocurrió, por ejemplo, en las Islas Baleares. Algunos de esos sistemas hidráulicos fueron desarrollados por las comunidades campesinas, haciendo uso de un arsenal tecnológico efectivo, adaptado al terreno y que requería un mantenimiento continuo. Los arqueólogos han identificado zonas irrigadas por una red de acequias que se ramifican a partir de una toma de agua inicial. A la hora de regular la distribución del agua y asegurar que fuese equitativa, se seguían normas consuetudinarias. Se adoptaron modelos distintos según la orografía del lugar, como la red que se extiende por la zona de las Alpujarras con un aprovechamiento del caudal del agua que fue sostenido y sostenible. Se construyeron aljibes, canales subterráneos como los viajes de agua en Madrid (una ciudad de fundación andalusí) y norias para elevar el agua de los ríos.

La agricultura de secano está siendo objeto de cada vez más estudios, gracias de nuevo a la labor de los arqueólogos y de los especialistas en paleoeconomía y subsistencia de las sociedades preindustriales. Es el caso de las excavaciones en la alquería andalusí de La Graja, en Higueruela (Albacete), donde se ha encontrado un ejemplar de oveja completo, hallazgo que junto con otros están permitiendo recuperar los contextos en los que vivían las comunidades de campesinos y ganaderos trashumantes de una región actual, Castilla-La Mancha, en su etapa andalusí.

La ganadería tuvo especial desarrollo en zonas como Albarracín, donde hubo asentamientos de población beréber. Los análisis de los restos animales que se han llevado a cabo en distintas zonas de la Península muestran la desaparición del cerdo, prohibido por la religión islámica, en el consumo de la población, excepto en aquellas localidades donde se concentraban grupos cristianos.

El comercio era una actividad en la que intervenían todas las comunidades religiosas y que tenía dimensiones locales y globales. En el caso del mundo islámico, se veía facilitado por las acuñaciones de monedas que seguían modelos parecidos: el dinar o moneda de oro, el dírhem o moneda de plata —con un cambio llamativo en su forma en época almohade cuando los dírhems pasaron de ser redondos a cuadrados—. Las prácticas legales y comerciales eran también similares e incluían, por ejemplo, órdenes de pago o *shakk*, de donde viene nuestro término cheque. Monedas como los morabetinos —acuñadas en época almorávide y que reflejan la abundancia de oro por el control de las rutas comerciales saharianas— fueron muy apreciadas en el mundo cristiano.

En una obra escrita en Bagdad en el siglo IX se menciona la presencia de mercaderes judíos que hablaban numerosas lenguas, incluido el romance de al-Andalus, y que comerciaban por todo el Mediterráneo y más allá, llegando hasta la India y China. Sus actividades comerciales están bien atestiguadas también en épocas posteriores gracias a los documentos de la guenizá (o depósito) de una sinagoga de El Cairo, donde se acumulaban escritos en los que se mencionaba el nombre de Dios para ponerlos a salvo de un uso indebido. Gracias a ello, podemos reconstruir distintos aspectos de la vida de las comunidades judías del Mediterráneo. Los mercaderes judíos comerciaban con productos procedentes de Oriente como las especias, el almizcle y el áloe, así como con pieles y esclavos de ambos sexos procedentes de Europa.

El comercio de esa mercancía humana, sobre todo en los primeros siglos, llevado a cabo por mercaderes también musulmanes, jugó un papel importante en el florecimiento de la economía andalusí tanto por el "consumo" interno como por su venta en otras regiones del mundo islámico. De al-Andalus se exportaban productos manufacturados como textiles de lujo, así como aceite procedente sobre todo de la región de Sevilla, esparto de la zona de Alicante o uvas pasas de Málaga. Del norte de África se importaban trigo y caballos; en el África subsahariana se han encontrado estelas funerarias de mármol procedentes de Almería. El comercio con Italia está atestiguado desde el siglo X cuando llegaron a Córdoba mercaderes de Amalfi y siglos más tarde, en la Granada nazarí, la presencia comercial genovesa fue muy señalada. Ello demuestra la integración económica del sultanato nazarí en Europa, donde había una fuerte demanda de seda, de azúcar y de los frutos secos allí producidos.

El comercio local giraba en torno al zoco, cuyo funcionamiento conocemos gracias a los tratados sobre su administración que nos informan de las regulaciones que los tenderos debían seguir, de cómo se combatían los fraudes y se controlaba la calidad de los productos, tal y como refleja Ibn ʿAbdun (Sevilla, primera mitad del siglo XII) en este ejemplo: "No venderán leche más que personas de fiar, porque si no, la añadirán y mezclarán con agua, en detrimento de los musulmanes. Debe quitarse la serosidad que queda en las jarras como resto del cuajo, porque es una suciedad" (Ibn ʿAbdun, 1981, n.º 105).

El derecho: teoría y práctica

Ibn ʿAbdun menciona que el gobernante debe favorecer la agricultura y asegurar que los campesinos sean tratados con benevolencia, sin ser sometidos a una recaudación abusiva. El ideal era limitar los impuestos a los considerados legales, pero naturalmente la realidad no siempre se ajustó a la teoría: una de las razones de la pérdida de popularidad de los almorávides, junto con sus fracasos militares, fue la imposición de tributación extracanónica que despertó la hostilidad de la población.

Una famosa máxima recogida en el género de los "espejos de príncipes" decía que no podía haber justicia sin ejército, no podía haber ejército sin impuestos, no podía haber recaudación sin riqueza y no podía haber riqueza sin justicia. Si el ejército aseguraba la defensa frente a ataques del enemigo exterior y de rebeldes internos manteniendo el orden público, la justicia ordinaria estaba a cargo del cadí y se basaba en la aplicación del derecho islámico.

La teoría jurídica establecía que los fundamentos del derecho eran el Corán y la tradición del Profeta (la Sunna), textos que suministraban el entramado básico de las regulaciones que se debían seguir (por ejemplo, cuáles eran las formas aceptables de divorcio y qué obligaciones de manutención tenía el marido para con su esposa e hijos) y las prohibiciones que había que acatar (por ejemplo, no incurrir en usura), así como los castigos que se debían aplicar para los distintos tipos de delitos y transgresiones (pena de muerte para la apostasía y azotes para quien bebiese vino). En aquellos casos no contemplados en el Corán y en la tradición, se recurría al consenso de los juristas y al esfuerzo de interpretación personal por parte de los especialistas, mediante métodos como el razonamiento por analogía. Los sunníes admitían la validez de cuatro maneras distintas de entender la voluntad divina en el campo del derecho, con cuatro escuelas legales de las que solamente una prosperó en al-Andalus, la malikí. Su fundador, Malik ibn Anas (m. 795), era de Medina, la ciudad en la que el Profeta había actuado como jefe de Estado y por lo tanto se consideraba que la práctica legal medinense era la que mejor reflejaba el precedente profético.

Los juristas, jueces y notarios tenían a su disposición una amplia literatura jurídica compuesta de distintos géneros: obras de derecho positivo en las que se regulaban las relaciones entre seres humanos y también de estos con Dios (el ritual), compilaciones de opiniones jurídicas (fetuas), formularios notariales, guías para el derecho sucesorio con sus complejas reglas de partición de herencias, manuales para la actuación de los jueces... Los jueces eran delegados del gobernante, quien los nombraba y les aseguraba que dispusieran de auxiliares para desempeñar sus funciones, complementadas por las del prefecto de la Policía y por el encargado de la supervisión del zoco cuyo ámbito de actuación cubría, en general, la moralidad pública. Los jueces eran asesorados por los alfaquíes cuando tenían alguna duda.

En los núcleos urbanos, los particulares también recurrían a los alfaquíes para consultarles dudas que pudiesen tener sobre aspectos relacionados con el ritual (qué hacer, por ejemplo, si se habían saltado el ayuno durante el mes de Ramadán) o sobre otro tipo de cuestiones, como el pago de deudas o el incumplimiento de un juramento. Es más difícil precisar cuál era la situación en las zonas rurales y si allí se recurría a otro tipo de figuras (el jefe de la aldea, el santo local) para resolver dudas personales o disputas de acuerdo con la costumbre.

Una institución legal de gran importancia eran los legados píos, donaciones hechas por individuos, generalmente de bienes inmuebles, con una finalidad específica de carácter caritativo y de naturaleza inalienable. Los beneficiarios de las rentas podían ser miembros de la familia del donante, pero también los pobres o una mezquita. Disponemos de testamentos de mujeres nazaríes que hicieron constar en ellos que dejaban donaciones de este tipo para proveer de comida y medicinas a los pobres y enfermos o para pagar las dotes de doncellas sin medios económicos.

La vida cotidiana

Ibn ʿAbdun recoge en su tratado sobre el zoco recomendaciones como estas:

> No se dejará que ningún vendedor al aire libre levante sobre su cabeza una sombrilla, a menos que sea más alta que un hombre a caballo, pues si no, sacaría los ojos de los transeúntes.

> Debe prohibirse que los mozos y los chiquillos jueguen a darse puñaladas o con palos, porque es ocasión de riñas y escándalos (Ibn ʿAbdun, 1981, n.º 177: 179).

Son textos que nos remiten a algunas de las cosas que ocurrían en las calles de la Sevilla del siglo XII: lo que se prohíbe refleja lo que se hacía en la práctica y que había que reprobar para que nadie resultase dañado al pasar junto al puesto de venta o para que no se alterase el orden público.

De nuevo, las fuentes disponibles privilegian el espacio urbano. El zoco era no solo donde se gestaba la vida económica (compra y venta de alimentos, de ropa y otras transacciones), sino también lugar de encuentro para intercambiar noticias sobre familiares y amigos, y discutir sobre temas de actualidad y también religiosos, pues no era infrecuente que algunos de los profesionales que allí actuaban (drogueros, sederos, joyeros, toneleros, herreros...) se ocupasen también de estudiar el Corán, la tradición del Profeta, el derecho o la gramática, tal y como revelan los apodos ocupacionales de algunos ulemas. Otro lugar de encuentro eran las mezquitas, a menudo situadas cerca de los zocos. En ellas se iba a rezar, a escuchar las lecciones de los maestros o los sermones de los predicadores, en especial el del viernes, que se hacía en la mezquita principal y que servía para dar constancia de la obediencia debida al gobernante de turno, cuyo nombre se pronunciaba en aquella ocasión. Las mezquitas eran lugares de sociabilidad regulada, donde se evitaban los ruidos y la suciedad, pero se permitía, por ejemplo, la siesta o el descanso. Aunque hubo voces contrarias a permitir el acceso a mujeres y niños, estos tenían generalmente lugares reservados para ellos.

Otro lugar de sociabilidad era el baño público, con momentos reservados para hombres y mujeres. En general, los ulemas buscaban restringir al máximo las ocasiones en las que los dos sexos podían mezclarse, pero ello no se podía evitar del todo como indican las observaciones de Ibn ʿAbdun relativas a lo que ocurría, por ejemplo, durante los funerales y en los cementerios: “No deberá permitirse que en los cementerios se instale ningún vendedor, que lo que hacen es contemplar los rostros descubiertos de las mujeres enlutadas, ni se consentirá que los días de fiesta se estacionen los mozos en los caminos entre los sepulcros a acechar el paso de las mujeres” (Ibn ʿAbdun, 1981, n.º 53).

Las fiestas canónicas del calendario lunar musulmán eran las de la Ruptura del Ayuno de Ramadán y la Fiesta del Sacrificio en la que se sacrificaba un cordero. Había otras festividades que seguían el calendario solar y que también celebraban los cristianos, como el día primero de enero (*yannayr*), el día de San Juan y la Natividad de Jesús, suscitando la reprobación de algunos ulemas que nos describen como las ciudades se llenaban de puestos de comida callejera, detallando

> [...] las arrobas de alfeñiques, la variedad de frutas frescas, bolsas de dátiles, sacos de pasas e higos, de diferentes clases, especies y variedades, y toda suerte de cascajo: nueces, almendras, avellanas, castañas, bellotas y piñones, amén de caña de azúcar, y toronjas, naranjas y limas de la mejor calidad. En algunas ciudades hacen cazuela de pescado en salazón” (Granja, 1969: 33).

Estas fiestas interrumpían la rutina de la vida diaria de las personas, lo hacían también aquellas ocasiones que marcaban momentos cruciales como las bodas, los nacimientos y los entierros.

CAPÍTULO 4

Saber y cultura

Los ulemas y las ciencias religiosas

En el mundo islámico sunní premoderno no surgió una institución centralizada y jerarquizada (como la Iglesia católica) de la que dependiesen la formulación y el control de las creencias y prácticas consideradas correctas. Eso no quiere decir que no hubiese estructuras de autoridad ni capacidad de establecer lo que se consideraba correcto y de castigar lo que se consideraba desviado de la norma. Aunque son términos generados fuera de la tradición religiosa islámica, también se puede hablar de la existencia de una ortodoxia, así como de posturas doctrinales y prácticas consideradas heterodoxas. De la misma manera que ocurre en el mundo cristiano que es del que proceden estos términos, la ortodoxia y la heterodoxia en el contexto islámico no son realidades fijas e inmutables, pues han sufrido variaciones a lo largo del tiempo y del espacio.

Los agentes encargados de asegurar la corrección de las creencias y de las prácticas rituales y legales de los creyentes eran los ulemas. Este arabismo procede del término en plural *'ulama'* (cuyo singular es *'alim*), que significa especialista en el saber religioso, alguien que ha adquirido un conocimiento relativo a la religión que lo distingue de los demás que no lo poseen. Los ulemas lo son por los conocimientos que poseen y porque se les reconoce la capacidad de entender mejor que otros la revelación. Ese reconocimiento no deriva de un certificado concedido por una institución educativa o de un nombramiento oficial, sino por haber estudiado con maestros de prestigio y haber conseguido luego atraer discípulos, consiguiendo así la reputación de tener la formación e impacto necesarios para ser un ulema.

El conocimiento procede, en primer lugar, del Corán y la tradición del Profeta. El Corán es el libro sagrado de los musulmanes, revelado por Dios a Muhammad, el último de los profetas. Antes que él hubo otros profetas, muchos de los cuales corresponden a figuras de la tradición judeocristiana como Adán, Noé, Moisés y Jesús. Algunos de esos profetas fueron además mensajeros de Dios, receptores de una Escritura Sagrada como aquellas por las que se guían los judíos y los cristianos. Creen los musulmanes que estos acabaron distorsionando u olvidando el significado verdadero de la revelación. Ello hizo necesario que Dios volviera a dirigirse a la humanidad con una nueva Escritura, cuya versión última y definitiva fue la entregada en lengua árabe a través de Muhammad: el Corán. Este, además de ser profeta, fue también el líder (imam) de la comunidad política creada tras su emigración de La Meca a Medina. Lo que hizo y dijo fue recogido y transmitido por las generaciones siguientes como modelo de actuación que debía guiar a los creyentes. Ese relato de los dichos y hechos de Muhammad constituye la tradición del Profeta y está formado por unidades narrativas llamadas hadices que tratan de multitud de temas.

Los ulemas son los encargados de estudiar tanto el Corán como la literatura de hadiz para conocer esas dos fuentes de la revelación en su literalidad, pero también para interpretarlas, ya que no siempre está claro cómo deben ser entendidos los versículos del Corán y los hadices: ¿son de aplicación general o circunstancial?, ¿han sido abrogados por otros?, ¿deben ser puestos en relación con otros textos de la revelación que modifican su significado aparente? Haciéndose este tipo de preguntas, los ulemas desarrollaron mecanismos interpretativos, como el razonamiento por analogía.

Los ulemas podían especializarse en la exégesis del Corán, podían escribir sobre el destino que les esperaba a los hombres al final de los tiempos, sobre las prácticas devotas y ascéticas que podían ayudar a los creyentes a conseguir el paraíso y sobre otros muchos temas, pero la mayoría se dedicó al derecho islámico; en el caso de los andalusíes, de acuerdo con la escuela malikí. El derecho islámico es la ciencia religiosa que regula tanto las prácticas rituales como las sociales y económicas (matrimonio, divorcio, herencia, custodia de los hijos, contratos, deudas, entre otras). Los conocimientos de los alfaquíes eran necesarios para ejercer oficios como el de juez, notario, encargado de velar por los legados píos o de emitir opiniones legales (fetuas) para solventar las dudas que tenían los creyentes.

Las doctrinas y obras de algunos de los alfaquíes andalusíes gozaron de gran prestigio y difusión. Uno de esos juristas fue Ibn Rushd (el abuelo), así llamado por ser el abuelo de otro Ibn Rushd más famoso, Ibn Rushd (el nieto), el filósofo a quien nosotros conocemos como Averroes. El cordobés Ibn Rushd el abuelo (m. 1126) llevó a cabo una ingente labor de interpretación de dos de las obras legales que habían marcado la escuela malikí andalusí desde el siglo IX, con el objeto de que siguieran siendo relevantes en un contexto distinto de aquel en el que habían surgido, es decir, puso en marcha lo que ahora llamaríamos un proceso de *aggiornamento* legal. De esta manera, renovó la tradición para que pudiera seguir dando respuesta a nuevas necesidades y expectativas. Su nieto, Averroes (1126-1198), fue también jurista y compuso una de las obras legales más innovadoras de la época premoderna. Titulada "El comienzo para quien lleva a cabo un esfuerzo personal de interpretación y el final para quien solo pretende imitar", esa obra tenía como uno de sus objetivos ayudar a formar juristas capaces de pensar por sí mismos y al hacerlo, ser capaces de encontrar la solución legal al caso de que se les plantease en el momento. El símil de Averroes fue el siguiente: en vez de formar zapateros que acumulan un gran número de zapatos y que cuando llega un cliente se tienen que poner a buscar el par que se adapta a su número, lo que había que hacer era conseguir formar zapateros que fuesen a la vez fabricantes, es decir, que no necesitasen almacenar cantidades ingentes de zapatos, sino que cuando llegase el cliente, supiesen hacerle un zapato a medida. Otro gran jurista fue el granadino al-Shatibi (m. 1388), quien desarrolló el concepto de bien común (*maslaha*) como guía y fin en la labor de interpretación del derecho; su obra fue recuperada por pensadores reformistas egipcios de finales del siglo XIX por su potencial para adaptar el derecho islámico a la modernidad.

Uno de los ulemas andalusíes más innovadores fue Ibn Hazm (m. 1064). Rechazó el malikismo, porque, en su opinión, al igual que las otras escuelas legales, acababa sustituyendo la palabra de Dios por lo que los hombres pensaban. Ibn Hazm se adhirió al literalismo (zahirismo): para él, tanto el Corán como la tradición del Profeta eran textos claros que no necesitaban interpretación. Aunque esta postura puede parecer que limitaba la intervención humana y el razonamiento legal, en realidad lo que hacía era limitar el alcance de la revelación, pues solo tomaba en cuenta los textos que tenían contenido legal explícito y estos, además, quedaban circunscritos a su sentido aparente, sin llevarlo más allá mediante analogías. Ibn Hazm ampliaba así, paradójicamente, el campo de aquello que estaba abierto a la acción de la razón. Por ello, Ibn Hazm, junto a su obra de carácter legal, escribió también un libro sobre lógica griega. Fue un pensador iconoclasta y demoledor en las críticas que hizo a sus oponentes. Aunque sus opiniones fueron consideradas sospechosas de heterodoxia, su obra no pudo ser marginada y ha tenido seguidores hasta la actualidad.

Los ulemas podían poner en marcha distintos mecanismos de exclusión de aquellas doctrinas y prácticas que les parecían sospechosas tales como el aislamiento y ostracismo de quienes las formulaban o actuaban de acuerdo a ellas, o acusaciones de desviación religiosa que podían llevar al acusado ante los tribunales de justicia. Pero no desarrollaron instrumentos institucionalizados de persecución religiosa. Los ulemas criticados o perseguidos tenían posibilidades de defenderse y de demostrar la validez de sus doctrinas y prácticas, y si no conseguían que fuesen aceptadas durante su vida, en generaciones posteriores se podía acabar produciendo su inclusión. Hubo casos, como la cuestión de la validez del divorcio triple pronunciado en una única fórmula o la interpretación de los versículos en los que se hablaba de Dios de una manera cercana al antropomorfismo, en los que el debate de cuál era la práctica o la doctrina correctas duró varios siglos con cambiantes resultados.

Los juristas fueron, en ocasiones, también teólogos: después de todo, muchas obras jurídicas empezaban tratando la cuestión de la fe. Una posición extendida era que solo unos pocos, los más preparados, podían ocuparse de cuestiones dogmáticas, porque el peligro de errar y de hacer caer en el error a los demás era demasiado grande. Los teólogos, además, no podían imponer un único credo a la población, pues cada uno de ellos podía llegar a una interpretación distinta de las de los demás aun funcionando dentro de un marco común. Este pluralismo teológico se correspondía al existente en el campo legal, donde predominaba la convicción de que todo intérprete cualificado de la ley decía la verdad, aunque llegase a conclusiones distintas de las de sus colegas. De ahí la proliferación de compilaciones de fetuas (opiniones legales) de varios juristas andalusíes que documentan la variedad de soluciones que se podía dar al mismo problema, así como la tendencia a decantarse por posturas mayoritarias que, sin embargo, nunca eliminaban del todo las minoritarias. La ruptura del pluralismo legal y teológico se dio únicamente bajo el gobierno almohade: surgido el movimiento almohade de una figura mesiánica, Ibn Tumart, dotado de un acceso carismático a "la verdad", el credo formulado por él debía ser aprendido por toda la población.

Las 'ciencias de los antiguos'

De forma aparentemente paradójica, fue en época almohade cuando las "ciencias de los antiguos" (las que procedían de la tradición clásica preislámica) conocieron un gran desarrollo en al-Andalus. El credo almohade tenía como punto de partida que al conocimiento de la existencia y la unidad de Dios se podía llegar mediante la razón y los primeros califas almohades promocionaron el estudio de la filosofía. Fue en época almohade cuando Ibn Tufayl (m. 1185) escribió una pequeña joya de validez universal, la novela filosófica *El filósofo autodidacto*. En ella se narra la historia de un niño que crece en una isla desierta y con la única ayuda de su razón logra alcanzar la comprensión de la naturaleza y también de Dios, llegando finalmente a un conocimiento que es también místico.

Si la obra de Ibn Tufayl se aproxima al neoplatonismo, su discípulo Averroes fue plenamente aristotélico. Como jurista y filósofo trabajó al servicio de los califas almohades, que fueron quienes le hicieron el encargo de comentar a Aristóteles, lo que llevó a cabo con una obra de gran alcance por su extensión, profundidad y espíritu crítico. Se ha hablado mucho de la teoría de la "doble verdad" en Averroes: una verdad filosófica, para los pocos capaces de utilizar el discurso demostrativo, mientras que el resto de la población solo sería capaz de comprender el discurso dialéctico (los teólogos) o el retórico (el común del pueblo). Averroes —como todos los filósofos premodernos que vivían en sociedades de escasa alfabetización— estaba convencido de que había verdades que era mejor mantener en círculos restringidos, porque divulgarlas entre los que no podían entenderlas era activar un potencial que podía llevar al escepticismo o a la desesperación, pero eso no significaba que él no se sintiese vinculado a la religión de las masas. Hacia el final de su vida, Averroes sufrió persecución motivada por tensiones internas entre las elites almohades y fue expulsado de la mezquita de Córdoba en lo que describió como el día más triste de su vida. Pudo recuperar luego su antigua posición, pero falleció poco después. La progresiva desintegración del proyecto político y religioso almohade hizo inviable, a la larga, la renovación del mundo del saber que se había puesto en marcha bajo los primeros califas almohades, donde la filosofía ocupaba un lugar preeminente.

En época almohade se continuó con el estudio de otras ciencias que tenían ya un largo recorrido en al-Andalus, como la astronomía, las matemáticas y la medicina. En esa época sobresalió el enfoque enciclopédico, con obras que buscaban reunir y sintetizar lo sabido. Fue el caso del tratado de agronomía de Ibn al-ʿAwwam, de la obra de Averroes en el campo de la medicina teórica y de la de Ibn Zuhr (Avenzoar, m. 1161) en el campo de la medicina práctica, así como del tratado de simples de Ibn al-Baytar (m. 1248). También hubo un notable desarrollo del didacticismo, componiéndose numerosas versificaciones con afán pedagógico en todos los campos del saber. En astronomía, al-Bitruyi intentó reformar el sistema ptolemaico.

El desarrollo bajo los almohades se nutrió de avances realizados con anterioridad. El filósofo aristotélico Ibn Bayya (Avempace, m. 1139) había tratado en *El régimen del solitario* cuál debía ser la actividad del filósofo cuando la sociedad en la que vive no es la "ciudad ideal" que había descrito el oriental al-Farabi (m. 950). Ibn Bayya nació en el reino taifa de Zaragoza poco antes de que falleciera el rey al-Mu'taman en 1085, autor de un sobresaliente libro de matemáticas. Aunque muchos gobernantes en el mundo islámico fueron mecenas de las letras y las ciencias, no es habitual encontrar un caso como el suyo de un "rey sabio" capaz de producir una obra original propia. Fue en Zaragoza donde tuvieron especial difusión las *Epístolas de los hermanos de la pureza*, de influencia neoplatónica y en las que se puede rastrear ese ideal de sabiduría asociado al ejercicio de la política.

La influencia neoplatónica se advierte, asimismo, en el primer filósofo andalusí, Ibn Masarra (m. 931). Para él, había un perfecto acuerdo entre lo que el Corán decía y lo que la razón podía averiguar, así como entre el Profeta y el filósofo. Mientras que la profecía empieza en el trono de Dios y desciende hacia el hombre, la filosofía empieza en la tierra y asciende hacia Dios. El hombre empieza preguntándose ¿por qué el agua se mueve hacia arriba en las plantas? y a partir de ahí va razonando hasta llegar al conocimiento más alto, un camino que los profetas hacen al revés.

Ibn Masarra falleció dos años después de que ʿAbd al-Rahman III se proclamase califa. El príncipe heredero y futuro califa al-Hakam II fue educado para sobresalir en el campo del saber. El siglo X en el que vivió fue una época de recepción de lo que se hacía en el resto del mundo islámico en todos los campos, incluido el de las "ciencias de los antiguos", pero también en ella comenzaron desarrollos locales en medicina, agronomía, farmacología, matemáticas y astronomía. La apertura hacia el exterior que había vitalizado el mundo del saber andalusí disminuyó a partir de la época almohade y aunque esas ciencias se siguieron practicando, no dieron figuras de tanto relieve como en el pasado.

La literatura y el arte

Avempace fue también conocido por su afición a la música y a la poesía. La poesía, herencia de los árabes preislámicos, fue omnipresente en la actividad cultural andalusí como lo fue en el resto del mundo islámico premoderno. Los poetas preislámicos habían innovado composiciones rimadas que han sido definidas como "el archivo de los árabes", pues gracias a ellas podemos recuperar las claves culturales de aquella época. En periodo ya islámico, los árabes mantuvieron su afición a la poesía, siendo adoptada en los territorios por ellos conquistados por los conversos arabizados. La nómina de poetas andalusíes es muy extensa. Hubo reyes poetas como al-Mu'tamid de Sevilla (m. 1091), que cantó la tristeza del exilio tras ser depuesto por los almorávides y hubo poetas de origen humilde como Ibn al-Labbana (el hijo de la lechera, m. 1113). Ibn Jafaya de Alcira (m. 1139) cantó como ningún otro la belleza de los jardines y de la naturaleza levantina. Fueron numerosos los poetas que cantaron el amor con versos que se hicieron famosos como los de Ibn Zaydun (m. 1071). También hubo mujeres que escribieron poemas, como hicieron la princesa omeya Wallada y Hafsa de Guadalajara, de la que se conservan estos versos:

Tengo un amante a quien no gusta hacer reproches
y, cuando le dejé, de orgullo se llenó y me dijo:
¿Has visto a alguien semejante a mí?
Y yo también le he preguntado:
¿Y has encontrado tú quien me haga sombra? (Garulo, 1998).

Los andalusíes innovaron en la poesía árabe, introduciendo formas estróficas como las moaxajas y los zéjeles. Las moaxajas eran composiciones en árabe clásico en las que se incorporaban unos versos —las jarchas— que a veces estaban en lengua romance. Los zéjeles eran composiciones en árabe dialectal andalusí, de contenido a menudo desenfadado e incluso libertino. Entre sus cultivadores, sobresalió Ibn Quzman (m. 1160):

Tomad mi dinero, gastadlo en vino,
y repartid a las putas mis ropas,
y juradme que he obrado bien,
pues nunca en este asunto fui engañado.
Cuando muera, mi modo de enterramiento
sea yacer bajo las cepas en viña:
pámpanos juntadme, de mortaja, encima,
y a la cabeza un turbante de sarmientos (Ibn Quzman, 1984: 190-191).

Por lo que se refiere a la prosa, los andalusíes desarrollaron el género de la *rihla*, narraciones sobre el viaje a otras regiones del mundo islámico para estudiar, combinándolo generalmente con la peregrinación a La Meca. La escrita por el valenciano Ibn Yubayr (m. 1217) ha sido traducida a varios idiomas. Otras formas literarias, como piezas en prosa rimada (*maqamas*) y las epístolas, fueron utilizadas para hablar de diversos temas, entre ellos, del amor y de los amantes como hizo Ibn Hazm en su famoso *El collar de la paloma*. Los cuentos, como los recogidos por el granadino Ibn ʿAsim (m. 1426), procedían en parte de la tradición griega, india y persa, y dejaron a su vez huella en la cuentística del mundo cristiano peninsular.

Las huellas materiales son muy abundantes. Se cuentan entre ellas edificios como la mezquita de Córdoba y la Alhambra de Granada que constituyen hoy en día algunas de las joyas arquitectónicas en España que mayor poder de atracción ejercen en el turismo de masas y también en los interesados en el arte y en la cultura local. Ambos edificios se han conservado "intervenidos" por los conquistadores cristianos: una catedral acabó siendo incrustada en la mezquita y el palacio renacentista de Carlos V fue añadido a los distintos palacios nazaríes que forman la Alhambra. Edificios de menor envergadura como la mezquita de Bab Mardum en Toledo (convertida en la iglesia del Cristo de la Luz), los baños árabes de Jaén o el puente califal del río Guadiato nos remiten a una actividad constructora que se extendía a todos los lugares de al-Andalus. Las ciudades que fueron importantes centros urbanos conservan restos dejados por quienes las gobernaron: el palacio de la Aljafería en Zaragoza, las alcazabas de Almería y Málaga, y la Giralda de Sevilla, que fue alminar de la mezquita almohade sobre la que se levantó la actual catedral. La nómina podría multiplicarse con edificios y restos arqueológicos en localidades más pequeñas como Mértola (Portugal), Tossal de la Villa (Castellón) o Albalat (Cáceres), de donde procede la jarrita que se puede ver en la cubierta de este libro.

Hay edificios que parecen haber sido construidos en época islámica, aunque en realidad fueron obras levantadas bajo gobierno cristiano, como las torres llamadas mudéjares de Teruel o el monasterio de Santa Clara (Tordesillas), de la misma manera que hay templos judíos como las sinagogas de Toledo que remiten a formas propias del arte islámico. Lo que todo ello refleja es que la Edad Media peninsular no es comprensible a partir solo de una lengua, una religión o una cultura. Desde este punto de partida, se hace más fácil entender el epitafio en cuatro lenguas (latín, castellano, árabe y hebreo) del sepulcro de Fernando III en Sevilla o la utilización de tejidos con inscripciones en árabe como sudarios de los miembros de la realeza enterrados en el monasterio de las Huelgas de Burgos. Entre los objetos producidos por las artes suntuarias destacan las arquetas de marfil labrado que han llegado hasta nosotros gracias a que se han conservado por haber sido utilizadas como relicarios cristianos.

El sufismo

El misticismo o sufismo se fue desarrollando a lo largo de los primeros siglos hasta instalarse de forma permanente en las sociedades islámicas. Las doctrinas de Ibn Masarra pertenecen al campo del misticismo filosófico que gozó de una importante difusión en al-Andalus, aunque no siempre fue bien visto por los juristas ni por quienes, aun siendo favorables a una espiritualidad de corte místico, consideraban sospechosas las aproximaciones de corte más esotérico o filosófico. Los seguidores de Ibn Masarra fueron denunciados en los púlpitos de las mezquitas por que se consideraba que eran desviaciones doctrinales peligrosas y sus obras fueron quemadas. Uno de esos seguidores, activo en el siglo XI en la zona de Almería, se convirtió en el líder carismático de una comunidad que le pagaba impuestos, rechazaba tener contacto con el resto de los musulmanes e incluso consideraba lícito el combatirlos, lo cual indica que se trataba de una comunidad no solo religiosa, sino también política. Hubo más casos parecidos de "místicos políticos". Ibn Qasi (m. 1151) transformó a sus novicios en un ejército con el que se levantó contra los almorávides en el sur del actual Portugal, proclamándose *mahdi* (mesías). Apoyó por un tiempo a los almohades para abandonar luego su obediencia y buscar la alianza de los cristianos, lo que llevó a la desafección de algunos de sus seguidores. Por su parte, Ibn Ahla (m. 1247) se hizo con el poder en Lorca con el apoyo del común del pueblo, de cuyas necesidades se ocupó haciéndose famoso por su justicia, imparcialidad y equidad como gobernante. Era seguidor de la doctrina de la "unidad de la existencia" y predicaba la presencia de Dios en las criaturas de un modo que recordaba la encarnación de los cristianos.

El más famoso fue el murciano Muhyi al-Din Ibn ʿArabi (m. 1240), parte de cuya vida transcurrió fuera de la península ibérica y que murió en Damasco, donde está su tumba. Conocido como Maestro Máximo (*al-shayj al-akbar*), influyó de manera decisiva en el desarrollo del sufismo en todo el mundo islámico. Autor de una obra ingente que incluye libros de carácter enciclopédico sobre la vía sufí, sus estudiosos lo han definido como "un océano sin orillas". Sigue teniendo seguidores, muchos de ellos en el mundo occidental. A lo largo de los siglos, su enfoque sobre la relación entre Dios, el hombre y el mundo, así como sobre la revelación, la razón y la imaginación, ha atraído a muchos. Para algunos se ha convertido en el símbolo de la transcendencia de lo espiritual sobre los estrechos límites de las religiones establecidas, tal y como se refleja en los siguientes versos: "Mi corazón se ha convertido en receptáculo que acoge toda forma: es prado para gacelas, convento para monjes, templo para ídolos, Kaʿba del peregrino, Tablas de la Ley (Torah) y Libro del Corán. Sigo la religión del Amor allí donde se encaminen sus caballos, pues el Amor es mi fe y mi creencia" (Serguini, 1992: 395).

La producción intelectual de judíos y cristianos

Los cristianos que vivían bajo gobierno musulmán mantuvieron una actividad intelectual en latín que dio especialmente frutos en el siglo IX, con las obras de autores como Eulogio (m. 859) y Álvaro (m. 861), algunas de las cuales se conservan y han sido editadas. Eulogio tuvo un papel decisivo en el movimiento de los mártires voluntarios cordobeses. Registró por escrito las trayectorias de algunos de esos hombres y mujeres a los que animó en sus deseos de martirio. También, en ese siglo, tenemos noticia de destacados médicos cristianos que continuaban en su práctica con la tradición anterior.

Para épocas posteriores, esa literatura en latín compuesta en territorio andalusí disminuye en las huellas que ha dejado, por lo que resulta difícil establecer con precisión hasta qué punto se mantuvo la vitalidad que todavía se advierte en la primera época. Además, a partir de la segunda mitad del siglo IX, como ya se ha dicho, se empezaron a traducir al árabe obras en latín. Es prueba todo ello de una progresiva arabización de la población cristiana andalusí que llevará, en la primera mitad del siglo XI, a traducir al árabe los cánones de la Iglesia visigoda, traducción que se conserva en el manuscrito árabe 1623 de la Biblioteca del Real Monasterio de El Escorial. Ya en el siglo IX, Álvaro se había quejado de que los jóvenes cristianos cordobeses se sentían más atraídos por la poesía de los árabes que por la latina.

Este proceso de aculturación se dio también en la comunidad judía andalusí, pero mientras que en el caso de la cristiana parece haber ido unido a su debilitamiento cultural, el resultado fue el contrario entre los judíos andalusíes. Su profunda arabización no los llevó a abandonar su lengua sagrada, el hebreo, que siguieron utilizando en su literatura religiosa. Por otro lado, escribieron poesía y prosa en árabe, y recibieron la influencia de las corrientes gramaticales, literarias, filosóficas y científicas que circulaban entre los musulmanes. Los místicos filosóficos Ibn Gabirol (m. *ca.* 1070) e Ibn Paquda (m. *ca.* 1110), el pensador neoplatónico Yehuda Ha-Levi (m. 1143) y el gran sabio y polígrafo Maimónides (m. 1204) son solo algunos de los autores judíos andalusíes cuya obra se ha conservado y que tuvieron un gran impacto entre las comunidades judías de otros territorios y de otras épocas. El florecimiento intelectual y literario que se produjo en las comunidades judías peninsulares queda bien reflejado en la obra de Saʿid al-Tulaytuli (m. 1069), un autor musulmán que escribió una obra sobre el desarrollo científico de la humanidad y que dedicó una sección a los judíos de al-Andalus, en la que nombra a destacados estudiosos de la medicina, la astronomía y la filosofía, las obras que compusieron y las aportaciones que hicieron. Por todo ello, se ha descrito esa época como una "edad de oro" que tuvo continuidad en el mundo de la cristiandad latina, dentro y fuera de la Península, ya que muchos judíos tuvieron que emigrar por la persecución de la época almohade. Llevaron consigo los saberes que habían aprendido en al-Andalus, a cuyo desarrollo intelectual contribuyeron de manera decisiva, y gracias a sus conocimientos del árabe y de las otras lenguas peninsulares, pudieron además realizar una enriquecedora labor como mediadores y traductores.

PARTE SEGUNDA

Debates y contextos

CAPÍTULO 5

Fuentes y términos

Las fuentes

Las fuentes de que disponemos para el estudio de la realidad histórica que fue al-Andalus son fundamentalmente de dos tipos: literarias y materiales.

Por lo que se refiere al registro literario, aunque se ha perdido una parte de las obras que se escribieron sobre al-Andalus, son muchas las que se han conservado y de estas, un gran número ha sido editado y estudiado, con algunas obras traducidas a lenguas europeas, fundamentalmente al español. Especial relevancia tienen las fuentes históricas y geográficas. Ya a partir del siglo IX se tiene constancia del interés por el género histórico que alcanza especial desarrollo en la época califal. Ibn Hayyan (m. 1076), considerado el gran historiador de al-Andalus, escribió una crónica sobre el periodo omeya basándose en fuentes anteriores y, asimismo, historió la época de taifas que le tocó vivir. La integración de al-Andalus en los imperios almorávide y almohade hizo que su historia quedara unida a la del norte de África y que fuera objeto del interés de historiadores magrebíes como Ibn 'Idhari (siglo XIII). Ibn al-Jatib (m. 1374), historiador de la época nazarí, prestó también atención a la historia de los reinos cristianos, como hizo asimismo Ibn Jaldun (m. 1406).

Junto a las crónicas, otro género que tuvo un gran desarrollo fueron los diccionarios biográficos de ulemas en los que se preservó sus trayectorias vitales. Esos diccionarios se escribieron a menudo unos como complemento de otros, transmitiendo así la memoria de una continuidad en el mundo del saber que se contraponía a los cambios dinásticos y políticos. Para completar y complementar la información de las fuentes históricas y geográficas andalusíes, es necesario recurrir tanto a fuentes norteafricanas y orientales como a las cristianas.

Si las fuentes mencionadas nos ofrecen sobre todo la perspectiva de los gobernantes y de los ulemas, así como de la sociedad urbana, otros sectores de la población se ven reflejados en obras como las jurídicas, especialmente las colecciones de fetuas, de las que es posible extraer ciertos datos relativos a los grupos subalternos y a las zonas rurales. La pérdida de los archivos (judiciales, administrativos, personales) que existían en al-Andalus obstaculiza profundizar en cuestiones sociales y económicas (por ejemplo, la propiedad de la tierra), que afloran en la documentación de época nazarí conservada tras la conquista cristiana.

Por lo que se refiere al registro material, los monumentos conservados como los palacios nos remiten de nuevo al ámbito del poder, como es el caso también de las monedas (numismática) y de gran parte de las inscripciones (epigrafía). El registro arqueológico, por su parte, nos permite adentrarnos en aspectos de la vida de la población en general —tales como la alimentación, la vivienda, los rituales de la muerte, las creencias populares a través, por ejemplo, de los amuletos y talismanes encontrados—, así como en la organización del espacio y la formación de paisajes. Al-Andalus es la región del mundo islámico que mejor se conoce desde el punto de vista arqueológico gracias a las numerosas excavaciones realizadas en todo el territorio peninsular y que han arrojado luz, por ejemplo, sobre la presencia de musulmanes en zonas del norte peninsular (cementerio musulmán excavado en Pamplona), la combinación de actividades piadosas con actividades militares (el *ribat* de Guardamar del Segura), los cambios en la alimentación durante el proceso de islamización o la fundación de nuevas ciudades (Siyasa/Cieza, en Murcia).

Para el historiador, la utilización de las fuentes, especialmente las literarias, plantea la cuestión del grado de credibilidad que se les debe conceder, ya que sus autores realizaron una selección de datos y los filtraron de acuerdo con los intereses que defendían —algo a lo que los investigadores modernos no son ajenos en su propio proceso de escritura—. La disciplina de la historia ha elaborado metodologías para hacer frente a los sesgos que hay en las fuentes y evitarlos asimismo a la hora de estudiarlas, por ejemplo, contrastando unas con otras para identificar sus distintas perspectivas ante determinados acontecimientos y explicitando la perspectiva desde la que el historiador se aproxima a su estudio. La constatación de la subjetividad de estas por su carácter narrativo (es decir, su elaboración de "relatos" con técnicas similares a las de la ficción literaria) puede llevar a pensar que no es posible alcanzar un conocimiento cierto sobre el pasado. Frente al escepticismo radical, los profesionales de la historia reconocen que ese conocimiento está formado por interpretaciones distintas y, además, cambiantes a medida que se desarrollan nuevas teorías y metodologías, pero que ello no significa que no se puedan establecer ciertos consensos y que no haya interpretaciones que deban ser rechazadas por inadecuadas o falsas. A la hora de valorar las interpretaciones que se formulan sobre al-Andalus (o sobre otras realidades históricas), el lector cultivado debe ser consciente de que tendrá que hacer un esfuerzo y estar alerta para comprobar si quienes las formulan explicitan su análisis de las fuentes, exponen datos que van en contra de lo que proponen y no silencian las críticas que se han hecho o se pueden hacer a sus propuestas, aclarando qué argumentos de peso tienen para rechazar esos datos y críticas, así como sustentar lo que afirman. Escribir con seriedad y solvencia sobre historia no es fácil y leer sobre ella tampoco lo es.

Los nombres de al-Andalus

En la introducción ya se ha explicado que el nombre al-Andalus es el que utilizaron los conquistadores musulmanes de la península ibérica para designarla, sustituyendo con él el que le habían dado los romanos y mantenido los visigodos, Hispania. Este cambio se refleja en el dinar bilingüe latín-árabe acuñado en el año 98 de la hégira (el calendario lunar musulmán, 716-717 de la era cristiana), donde aparece en una cara al-Andalus y en la otra Spania. Se han formulado varias explicaciones del término al-Andalus, entre ellas una que lo vincula a la Atlántida y otra a los vándalos, pero no hay consenso al respecto, ya que los argumentos aducidos no son concluyentes. Al-Andalus fue utilizado en las fuentes árabes para referirse tanto a la península ibérica en su conjunto (es decir, con un sentido geográfico) como para referirse al territorio controlado por los musulmanes (es decir, con un sentido político). Ello se complementaba con nombres específicos dados a las regiones del norte (como Yilliqiya, para la dominada por el reino astur-leonés) y a los distintos reinos (como Qashtala, para Castilla). Un autor del siglo XV, Ibn al-Sabbah, al referirse a la península ibérica, utiliza tanto Isbanya como al-Andalus, restringiendo este último término al territorio controlado por los musulmanes y reflejando así el predominio político adquirido por los cristianos.

Por su parte, fuentes latinas altomedievales, al referirse al territorio gobernado por los omeyas cordobeses, siguieron utilizando el término Hispania: así, las crónicas asturianas aluden a las tropas musulmanas que van a Asturias desde Hispania. A partir del siglo XII, el término Alandaluf aparece en fuentes cristianas para referirse a las regiones controladas por los musulmanes. Vemos, pues, que los términos que hacen referencia al territorio desde un punto de vista geográfico-político van variando según los autores, las lenguas utilizadas y las cambiantes realidades políticas, por lo que construir sobre ellos explicaciones que no tengan en cuenta los contextos en los que aparecen puede ser abusivo.

Si saltamos ahora al siglo XIX, dos expresiones —España árabe y España musulmana— adquieren protagonismo en los escritos europeos referentes a la historia peninsular medieval. La primera recoge una tradición anterior, presente ya en la producción del arzobispo toledano Jiménez de Rada (1170-1247), quien incluyó en su obra histórica sobre los distintos pueblos que dominaron en la península ibérica —a la que se suele dar el título de *Historia de rebus Hispaniae*— una parte dedicada a la historia de los árabes (*Historia Arabum*). Por su parte, José Antonio Conde (1766-1820) escribió una *Historia de la dominación de los árabes en España: sacada de varios manuscritos y memorias árabes*, publicada póstumamente. Como afrancesado que había sufrido el exilio, Conde era especialmente sensible al hecho de que en la escritura de la historia nacional y oficial se tendía a marginar o excluir a ciertos grupos y quiso incidir en que distintos pueblos —con lenguas y creencias diferentes— habían vivido en la Península y que su historia debía ser tenida en cuenta. Como reza el subtítulo de su obra, Conde fue fiel a la visión —originada en época omeya— que predomina en las fuentes árabes, en las que se tiende a identificar a los andalusíes con los árabes, bien desde un punto de vista étnico, bien lingüístico, con objeto de diferenciarlos de la población beréber norteafricana.

El enfoque cambió con el historiador holandés Reinhart Dozy (1820-1883), quien tituló su obra, publicada en 1861, *Histoire des musulmans d'Espagne* (Historia de los musulmanes de España): al pasar el foco a la religión, ponía de relieve la continuidad poblacional más allá de los cambios políticos, lingüísticos y religiosos. Detrás de este enfoque, se halla el profundo impacto que la obra de Ernest Renan (1823-1892) y en especial sus ideas sobre los "semitas" (1855) tuvieron en la cultura europea. De forma muy resumida, para Renan los logros intelectuales conseguidos por los árabes solo fueron posibles por su contacto con la "raza aria" al conquistar los imperios bizantino y persa. En tanto que semitas, no se podía esperar de ellos ningún avance de la humanidad. Los arabistas españoles de la escuela fundada por Francisco Codera

(1836-1917), admiradores de Dozy, insistirán en que los habitantes de al-Andalus eran de "raza hispana" y que el aporte étnico árabe fue muy escaso: si ello era así, las aportaciones hechas por los andalusíes no tenían nada que ver con lo árabe, sino con lo "hispano", siendo la religión una diferencia, en gran medida, accesoria. Es este un enfoque que tenía algún precedente: un inquisidor se opuso a la orden de expulsión de los moriscos con el argumento de que eran "españoles como nosotros".

La preferencia por la expresión España musulmana continúa hasta bien entrado el siglo XX; en el mundo anglosajón todavía se sigue usando la expresión Muslim Spain. La difusión del término al-Andalus en el mundo académico francés y español se debió a la obra de Pierre Guichard (1939-2021), *Al-Andalus. Estructura antropológica de una sociedad islámica en Occidente*, publicada en 1976. En ella, este influyente historiador francés mostró como la conquista islámica trajo consigo la formación de una sociedad que, en sus presupuestos no solo religiosos, sino también de parentesco, políticos y económicos, era muy diferente de la que se desarrollaba en las regiones bajo control cristiano. La población podía ser, en gran medida, la misma de un lado y de otro, pero sus concepciones y estructuras sociales y políticas se fueron diferenciando. Algunos autores, fundamentalmente los de inspiración marxista, han expresado esa diferencia explicando que la sociedad andalusí era estatal y tributaria, mientras que la cristiana del norte era feudal y basada en la renta.

Conquista y Reconquista

La historiografía islámica relativa a la conquista de la península ibérica denomina a dicha conquista *fath*, término árabe que significa apertura y que se aplica al proceso de expansión militar de los siglos VII y VIII concebido como un proceso de incorporación de los territorios conquistados al ámbito de la religión verdadera, el islam. Es, pues, un término ideológico que refleja la perspectiva legitimadora del conquistador, no la de los pueblos conquistados.

La conquista islámica puso fin al reino visigodo. Entre las formaciones políticas que surgieron posteriormente en las zonas septentrionales de la Península, el reino astur-leonés generó un discurso de legitimación consistente en reclamar la herencia goda, presentándose sus reyes como descendientes y herederos de los reyes de Toledo y, por lo tanto, como los dueños legítimos de los territorios que habían conformado su reino y que les habían sido arrebatados por los musulmanes mediante la fuerza de las armas.

Esta ideología neogoticista —cuyos fundamentos son discutibles y discutidos— tuvo un importante desarrollo posterior. La idea de recuperación de un territorio arrebatado ha quedado reflejada en las propias fuentes árabes, como es el caso de este texto del siglo XI en el que el conde mozárabe Sisnando Davídiz le dice al emir ʿAbd Allah: "Al-Andalus perteneció originalmente a los cristianos. Después fueron derrotados por los árabes y reducidos a la región más inhóspita, Galicia. Ahora que son fuertes y capaces, los cristianos desean recuperar lo que perdieron" (ʿAbd Allah, 1981: 90).

Ibn Jaldun, por su parte, rechazó la pretensión de que los reyes leoneses y castellanos descendiesen de los godos porque "la nación de los godos se desvaneció y se extinguió, y es raro que el poder vuelva a resurgir una vez desaparecido" (Ibn Jaldun, 2006-2013, VII: 563).

La ideología neogoticista desarrollada en algunos de los ámbitos cristianos medievales peninsulares —sobre todo en Castilla, sin estar presente en cambio en los condados catalanes— fue constitutiva del ideal de Reconquista que vertebró la escritura de la historia nacionalista de corte españolista del siglo XIX. Dicho ideal se convirtió en la interpretación predominante de las complejas dinámicas territoriales, sociales y culturales que tuvieron lugar en la península ibérica durante la Edad Media, complejidad que puede recuperarse gracias al análisis pormenorizado de la historiografía medieval. Dicho de otra manera, esa historiografía muestra una realidad más rica y matizada que la reducida al concepto ideológico de Reconquista, término que se impone en el siglo XIX.

Hay historiadores —como Alejandro García Sanjuán— que han abogado por el abandono de dicho término precisamente por su contenido ideológico, de la misma manera que no se considera aceptable, dentro de una escritura académica de la historia, el término *fath*, que tiene también una carga ideológica, en este caso proislámica. Dentro de los que abogan por el abandono y para evitar un término en el que ven un artefacto ideológico del españolismo que oscurece los factores políticos, económicos y sociales de la conquista llevada a cabo por los cristianos, algunos han propuesto alternativas como "conquista feudal". Esa conquista buscaba satisfacer las ambiciones de nuevos grupos sociales volcados en la expansión militar, justificándolas como recuperación de unos derechos pretéritos.

Otros historiadores —como Carlos de Ayala— consideran que se puede seguir utilizando el término Reconquista si se deja clara la carga ideológica que conlleva y restringiéndola a ella. Y finalmente, para otro grupo, la ideología neovisigotista y la Reconquista deben seguir siendo el marco explicativo de la Edad Media peninsular, sin cuestionarlo porque responde, según ellos, no a una ideología, sino a una realidad histórica.

Hay, pues, una falta de consenso. En el medievalismo español, el uso del término Reconquista es, por un lado, herencia de un pasado reciente (el del mundo académico de la dictadura franquista) donde fue el único posible por reflejar la historia "oficial" y, por otro lado, un indicio de la relativa ausencia de reflexión —con honrosas excepciones— sobre los presupuestos en los que descansa la ortodoxia historiográfica de corte españolista. Otro reflejo del peso de la herencia recibida es el uso del término invasión, con su carga negativa, exclusivamente para referirse a la conquista islámica, pero no para referirse a la conquista romana o visigoda de la península ibérica.

Mozárabes, muladíes, mudéjares y moriscos

En el capítulo 2 hemos visto la variedad de grupos humanos que conformaron el entramado de la población peninsular. Esa variedad incluía diferentes etnias, religiones, lenguas y situación social. Para reflejarla, se han acuñado una serie de términos que se han ido imponiendo en la escritura de la historia medieval ibérica. Es necesario reflexionar sobre ellos para evaluar hasta qué punto nos ayudan a entender las realidades a las que dicen remitir.

El término mozárabe se usa para hacer referencia a los cristianos que vivían en al-Andalus o que emigraron desde al-Andalus a los reinos cristianos y que estaban arabizados desde el punto de vista lingüístico. Es un término de origen árabe (procede de *mustaʿrab* o *mustaʿrib*), pero que no se utiliza en las fuentes árabes, donde a los cristianos se les llama *nasara* (cristianos), *rum* (romanos) y *kuffar* (infieles), entre otros términos que remiten a contextos y significados distintos. El término mozárabe aparece por vez primera en documentación cristiana del siglo XI para nombrar a esos cristianos emigrados de al-Andalus que sabían la lengua árabe y que han dejado huella en la toponimia, en la onomástica y en la documentación escrita (por ejemplo, escribiendo glosas en árabe en manuscritos latinos). Extender el uso del término a toda la población cristiana de al-Andalus —como se ha hecho y se sigue haciendo— tiende a oscurecer el hecho de que parte de esa población, sobre todo en los primeros tiempos, no estaba arabizada y mantenía la lengua latina que evolucionaba hacia el romance local. Por eso, hay historiadores que evitan la utilización del término y prefieren hablar de cristianos de al-Andalus con objeto de no presuponer una arabización que tuvo ritmos distintos según las zonas.

El término muladí es un arabismo moderno formado a partir del árabe *muwallad*, que hace referencia al no árabe que ha crecido entre árabes. Remite, por ello, al proceso de arabización lingüística y cultural que tuvo lugar entre los pobladores autóctonos que tenían un contacto continuado con los conquistadores: podían ser sus esclavos, clientes, sirvientes e incluso parientes, dado que se dieron numerosas uniones entre los árabes y las mujeres locales (recuérdese que un musulmán puede casarse con una mujer cristiana o judía). La arabización podía desembocar en la conversión al islam. Las fuentes árabes hacen referencia a las rebeliones de señores muladíes como Ibn Hafsun en la segunda mitad del siglo IX, es decir, de descendientes de pobladores autóctonos que se habían arabizado y convertido al islam. La reticencia de los árabes a tratarlos como iguales en tanto que musulmanes "nuevos" fue una de las razones que se esgrimen en las fuentes para explicar su rebelión. Los muladíes desaparecen de las fuentes a partir del siglo X, señal de que la realidad que había detrás del término había dejado de existir, al promocionarse tras la proclamación del califato una identidad común andalusí.

El término mudéjar procede del árabe *mudayyan* que significa (animal) domesticado y se usa para hacer referencia a los musulmanes que vivían bajo dominio cristiano, permitiéndoseles conservar su religión. Cuando se los obligó a convertirse al cristianismo en el siglo XVI, pasaron a ser denominados moriscos. Las fuentes que nos informan sobre los mudéjares son tanto las generadas por ellos mismos o sus correligionarios como las generadas por los cristianos entre los cuales vivían. La documentación es, por ello, en parte, de naturaleza distinta a la que tenemos sobre los andalusíes (por ejemplo, disponemos de documentos de archivo preservados por los cristianos) y ello nos permite conocer mejor el contexto rural en el que transcurría la vida de muchos de ellos. El término mudéjar se emplea —como ocurre con el término mozárabe— para designar un determinado estilo artístico. Hablar de arte mudéjar parece implicar que los que estaban detrás, por ejemplo, de las torres y edificios mudéjares de Teruel eran artesanos musulmanes, pero los investigadores han señalado que podían ser también cristianos, ya que no se trataba de un arte confesional, sino de un repertorio y unas técnicas que ejercían atracción sobre distintos grupos. Aquí, de nuevo, el uso del término puede llevar asociadas interpretaciones que distorsionan las realidades que están nombrando.

Algunas de las comunidades mudéjares fueron perdiendo el uso de la lengua árabe, pero esta siguió manteniendo su prestigio, lo que se refleja en el mantenimiento del alfabeto árabe para escribir ahora en las lenguas romances que hablaban: es lo que llamamos aljamiado. Las respuestas a lo que se debe hacer con los elementos culturales y religiosos de la propia tradición en situaciones de profundos cambios fueron variadas especialmente entre los moriscos, sobre cuya identidad han corrido ríos de tinta. Toda conversión forzosa trae consigo la sospecha de que el que ha sido forzado puede seguir siendo leal a su fe anterior y plantea la cuestión de cómo diferenciar lo que es religión de lo que es costumbre o cultura. Hubo una gran variedad de reacciones entre los moriscos ante su situación. Una de las más llamativas fue el intento de algunos moriscos por asegurar un futuro a su lengua y a parte de sus creencias en el nuevo contexto político y religioso mediante la falsificación de un nuevo Evangelio escrito en árabe que probaría que la lengua árabe había llegado a la Península antes de la conquista islámica y que, por tanto, era una lengua "cristiana". Esos escritos (los así llamados Libros plúmbeos) estaban asociados a reliquias y dieron lugar a la veneración por el lugar donde parte de ellos fue hallada, el Sacromonte granadino. He dicho antes que al-Andalus es una "marca" que se vende sola, lo cual no es de extrañar teniendo en cuenta estos y otros mimbres que la conforman.

Terminología y formación

La nómina de términos que aparecen en las fuentes y aquellos con los que se ha acometido el estudio de al-Andalus en todas sus vertientes es muy larga y no podemos detenernos en todos ellos. Incluyen, además de los que ya hemos visto, los que utilizan las fuentes cristianas para referirse a los distintos grupos étnicos musulmanes (sarracenos, agarenos, ismaelitas, árabes, moros, moabitas, muzmuti) o los que se refieren a los individuos que se movían en las fronteras entre los grupos (elches, almogávares, enaciados). Reflejan estos términos la variedad de individuos y grupos humanos, así como de posibilidades en la experiencia de vivir juntos y separados al mismo tiempo. La variedad no siempre era celebrada ni valorada y las miradas que se cruzaban entre los grupos reflejaban a menudo las tensiones, rivalidades y miedos que se generaban, también la atracción y el interés que despertaban. ¿Cómo enfrentarse a esa riqueza terminológica que permea los textos producidos en la Edad Media peninsular? Riqueza también onomástica: los documentos del reino de León, por ejemplo, recogen nombres de personas en los que se juntan onomástica latino-cristiana y onomástica arabo-islámica. ¿Quiénes eran los habitantes del territorio que llevaban esos nombres? Esa mescolanza, que a nosotros nos llama la atención, para ellos debía de ser algo consustancial a la realidad en la que vivían.

La formación de los medievalistas en España se lleva a cabo en departamentos en los que no se atiende a la adquisición de las lenguas utilizadas en la Edad Media peninsular en las que están escritas las fuentes sobre las que se basa su estudio. En el caso de hacerlo, se prima el latín y no se contempla ni el árabe ni el hebreo. Quienes estudian historia y quieren dedicarse al estudio de las fuentes árabes necesitan adquirir la lengua árabe por su cuenta. Los departamentos de estudios árabes e islámicos en los que se estudia la lengua árabe pertenecen a facultades de orientación filológica y literaria, y no tienen una oferta de enseñanza de la lengua árabe dirigida a medievalistas. No parece que esta sea la situación más adecuada para enfrentarse a una Edad Media que fue plurilingüe y pluricultural.

La familiaridad con las lenguas que utilizaban los grupos humanos que se estudian por parte de quienes se dedican a su investigación contribuiría a que los estudios resultantes fuesen más receptivos a la diversidad existente, empezando por su reconocimiento. En las fuentes árabes encontramos el término *nazi‘* (en plural, *nuzza‘*) que literalmente significa tránsfuga. Los *nuzza‘* de las fuentes árabes son gentes que se mueven entre dos esferas de poder político, ya sea entre territorio cristiano y musulmán, ya sea entre una zona de rebeldía y la zona en manos del gobernante musulmán considerado legítimo. Los "tránsfugas" pueden ser tanto cristianos como musulmanes de origen y pueden moverse también entre las dos religiones como se mueven entre dos territorios. En las fuentes cristianas encontramos el término enaciado, que hace referencia fundamentalmente a una persona que hablaba árabe y que actuaba como práctico o guía, a menudo como espía de los musulmanes (de ahí que en los fueros se fije la recompensa para quien traiga la cabeza de un enaciado). La inestabilidad de las identidades de los *nuzzaʿ* y de los enaciados podría explicar —en parte— esa curiosa mezcla onomástica que era frecuente en regiones fronterizas entre el islam y la cristiandad. Felipe Maíllo, en un artículo publicado en 1983, demostró que el término castellano enaciado deriva del término árabe y Federico Corriente en su *Diccionario de arabismos* recoge la misma etimología. Pero todavía hay medievalistas que proponen un origen latino, bien porque sigue sin haber un trasvase fluido de conocimientos entre distintos contextos académicos, bien porque, a pesar de la realidad medieval, no se toma en cuenta —no se quiere tomar en cuenta— la posibilidad de préstamos e influencias arabo-islámicas.

Hay que señalar, por último, que el recurso a las traducciones del árabe o del hebreo por parte de los medievalistas que no saben esas lenguas puede ser también problemático, ya que toda traducción implica en gran medida una interpretación que influye en las conclusiones que se extraen. Poder comprobar de forma directa lo que dice el texto árabe ayudaría a eliminar confusiones y errores. Hay un pasaje de la obra de Ibn al-Qutiyya que se tradujo mal en el siglo XIX, en el sentido de que en la Marca Inferior se había creado una nueva religión caracterizada por un sincretismo entre islam y cristianismo. La comprobación del texto árabe deja claro que no es eso lo que se dice, pero todavía hay quien lo repite.

CAPÍTULO 6

Las relaciones entre comunidades religiosas

La *dhimma*, el estatuto legal de los no musulmanes

En el Corán se afirma que "no cabe coacción en religión" (C 2:256), refiriéndose a los monoteístas, ya que no se los puede forzar a convertirse al islam. Lo mismo no se aplicó a los paganos que, si vivían en territorios conquistados por musulmanes, estaban obligados a convertirse. Esta regulación es la que se aplicó a los árabes paganos y también a los beréberes. Sin embargo, cuando los musulmanes conquistaron partes de la India, no obligaron a los hindúes a convertirse a pesar de su politeísmo: la teoría no siempre iba unida a la práctica, sobre todo cuando la realidad demográfica y las necesidades políticas y económicas lo desaconsejaban.

A las comunidades cristianas y judías que vivían en al-Andalus se les aplicó el estatuto legal de la *dhimma*, término que significa protección, ya que el gobierno islámico se comprometía a protegerlas, en el sentido de permitirles el mantenimiento de sus creencias y prácticas y de sus lugares de culto, a cambio del pago de un tributo especial, la capitación o *yizya*. Así se recoge en el Pacto de Tudmir del año 713 lo que debían pagar los conquistados tras su sumisión a los musulmanes: "Sobre Teodomiro y los suyos pesará un impuesto de capitación que deberán pagar; si su condición es libre, un dinar, cuatro almudes de trigo, cuatro almudes de cebada, cuatro qist de vinagre, dos de miel y uno de aceite; todo esclavo deberá pagar la mitad de esto" (Molina, 1972).

También se imponían a los *dhimmis* —además de la mayor carga tributaria— unas restricciones que hacían de ellos, por así decir, ciudadanos de segunda clase: por ejemplo, no podían llevar armas, no debían molestar en sus ceremonias rituales a los musulmanes, en su vestimenta debían distinguirse de estos y no podían tener posiciones de poder sobre los que los habían conquistado. En otras palabras, el estatuto de la *dhimma* no implicaba persecución, pero sí discriminación (habría sido sorprendente y excepcional que, dada la época de la que hablamos, no la hubiese habido).

Otra restricción era que los cristianos y judíos no podían casarse con mujeres musulmanas, pero los musulmanes sí podían hacerlo con mujeres de las otras comunidades religiosas y en ese caso, los hijos eran necesariamente musulmanes. Las esposas no musulmanas podían mantener su religión, pero se discutió hasta qué punto podían seguir comiendo cerdo, por ejemplo. En ese tipo de matrimonios mixtos surgía de manera inevitable una presión para que la mujer se acomodase a las normas de la religión del marido y de sus hijos.

Las restricciones discriminatorias podían verse suavizadas cuando el factor religioso se veía matizado por otros, como el económico o el social. Cristianos y judíos ricos o que gozaban de influencia junto al gobernante podían permitirse, por ejemplo, vestir de una manera muy similar a la de los musulmanes de su misma condición social, aunque siempre existía el riesgo de que algún rigorista protestase por ello. Si el gobernante así lo quería o necesitaba, judíos y cristianos podían alcanzar puestos de relevancia en la corte. Pero esto podía llevar a poner en duda su legitimidad, porque no se consideraba aceptable que los no musulmanes pudiesen tener poder sobre musulmanes: recuérdese que ello dio lugar al pogromo de Granada en época de taifas. Antes, durante el siglo IX, tenemos noticia de un influyente secretario cristiano en la corte omeya, Ibn Antunyan, que cuando vio que sus posibilidades de promoción se veían reducidas por su religión, se convirtió al islam.

Los episodios de conversión forzosa a lo largo de la historia del islam han sido excepcionales. Uno de ellos tuvo lugar en época almohade. Esta inusual política debe ponerse en relación con la ideología mesiánica y revolucionaria de la primera época del movimiento almohade: su fundador fue proclamado *mahdi* o mesías, figura escatológica de la que se espera que traerá la desaparición de todas las religiones que no sean el islam; además, se le consideraba dotado de infalibilidad y por tanto no se podían admitir visiones religiosas distintas de la suya, afectando esto no solo a judíos y cristianos, sino también a los musulmanes que debían aceptar la profesión de fe del Mesías. Además, el Magreb fue conceptualizado como nuevo Hiyaz, la región de la península arábiga donde había nacido el Profeta y única región del mundo islámico donde no se permitía la presencia de no musulmanes. Todo ello nos da algunas claves para entender la inusual política almohade hacia las otras comunidades monoteístas.

En al-Andalus no hay evidencia de que hubiese guetos, es decir, una especialización de espacios urbanos para separar a judíos y cristianos de la población musulmana ordenada desde el poder. Miembros de las tres comunidades religiosas podían vivir en los mismos barrios y establecer relaciones de vecindad. Al mismo tiempo, era un proceso común que judíos y cristianos buscasen la cercanía de sus templos y de sus correligionarios, lo cual podía llevar a crear barrios habitados mayoritariamente por un determinado grupo religioso, pero esta situación no era impuesta. Judíos y cristianos podían regirse por sus propias leyes (de ahí que se tradujesen al árabe los cánones de la Iglesia visigoda cuando la arabización de los cristianos lo hizo necesario), pero si así lo preferían, podían acogerse también al derecho islámico, como de hecho hicieron cuando pensaban que la sentencia podía favorecerlos. Si el pleito era con un musulmán, entonces necesariamente el derecho que se aplicaba era el islámico.

En la comunidad musulmana se era consciente del interés de los judíos y de los cristianos por la cultura arabo-islámica, hasta el punto de que Ibn ʿAbdun afirma en su tratado: "No deben venderse a judíos ni cristianos libros de ciencia, salvo los que traten de su ley, porque luego traducen los libros científicos y se los atribuyen a los suyos y a sus obispos, siendo así que se trata de obras de musulmanes" (Ibn ʿAbdun, 1981, n.º 206).

El caso de los cristianos

Durante los dos primeros siglos tras la conquista, los cristianos siguieron constituyendo la mayoría de la población de al-Andalus. No es posible establecer a ciencia cierta el momento en que se dio el cambio demográfico, pero los datos acerca de la población cristiana van disminuyendo a partir del siglo X y el consenso actual es que en el siglo XI se había formado ya una mayoría de población musulmana.

La disminución en el número de cristianos se debió a varios factores. Uno de ellos fue la conversión al islam por distintos motivos, como la presión familiar en los matrimonios mixtos, el deseo de mejora social y económica, y motivos personales, pero estos son los más difíciles de identificar porque no disponemos de relatos autobiográficos de conversión. Otro factor fue la emigración a los reinos cristianos que se puede rastrear en la documentación latina. Un tercer factor fue la deportación. En el año 1125, el rey de Aragón Alfonso I el Batallador (r. 1104-1134) hizo una expedición por tierras andalusíes llamado por los cristianos de Granada, tal vez porque bajo los almorávides se había producido un endurecimiento de las condiciones de vida de los *dhimmis*. A su regreso, una parte de los cristianos que le habían apoyado marcharon con el rey al norte. Los cristianos que no emigraron sufrieron el castigo de la deportación al norte de África, porque el apoyo dado al rey aragonés fue considerado una ruptura del pacto de la *dhimma* de acuerdo con el dictamen de los juristas consultados, entre ellos el abuelo de Averroes. La conversión forzosa decretada en la primera época almohade debió de dar el golpe de gracia a una comunidad ya muy debilitada, que se considera en gran medida desaparecida en el siglo XII. A consecuencia de ello, debió desaparecer también el uso de la variante romance del latín que se había desarrollado en dicho territorio. Hay, sin embargo, quien ha propuesto la supervivencia de comunidades de cristianos en el Levante peninsular con evidencias que no son concluyentes, propuesta, además, que parece estar influida por la intención de hacer del valenciano la lengua autóctona de esas supuestas comunidades y no una lengua derivada de la catalana que se difundió en la zona a raíz de la conquista cristiana.

Cuando los cristianos todavía eran la mayoría de la población y se mantenía la vitalidad de sus estructuras religiosas, se produjo en Córdoba un movimiento de búsqueda de martirio por parte de algunos hombres y mujeres que consideraron que su identidad y el futuro de la comunidad estaban gravemente amenazados. De forma pública mostraron su rechazo a la religión de quienes gobernaban, insultando al Profeta. Acusados de blasfemia (y también de apostasía, dado que algunos de ellos eran descendientes de matrimonios mixtos y, por tanto, legalmente musulmanes), fueron llevados ante el cadí, condenados y ejecutados. Este episodio —que ha dado lugar a numerosos estudios, algunos de carácter apologético— plantea dos cuestiones de relevancia. La primera es que parte de los correligionarios de estos "mártires voluntarios" se opusieron a ellos, aduciendo que no había persecución y que, por tanto, no había necesidad de martirio y que, además, con su conducta ponían en riesgo al resto de la comunidad cristiana. Ello indica que entre los cristianos había posturas discrepantes sobre cómo vivir bajo gobierno musulmán. La segunda es que los cristianos que se decidieron a poner en riesgo su vida interpretaron el contexto en el que vivían como si estuvieran sometidos a una persecución: para ellos, la supremacía política de los musulmanes y la atracción que la nueva religión y la nueva cultura asociadas a los gobernantes ejercían sobre los cristianos, especialmente los jóvenes, constituían una situación que ponía en peligro la supervivencia de su forma de vida anterior y actuaron como si estuviesen siendo perseguidos. Este episodio de los mártires voluntarios apenas ha dejado huella en las fuentes árabes, como si para los musulmanes hubiese constituido un asunto menor; en cualquier caso, afectó principalmente a Córdoba. No está claro hasta qué punto contribuyó a debilitar a la comunidad cristiana, cuya producción religiosa e intelectual tanto en latín como en árabe no fue especialmente destacable, sobre todo si se la compara con la generada en la comunidad judía andalusí y también con lo que ocurrió en otras comunidades cristianas del mundo islámico. Esas comunidades —como la copta en Egipto— gozaron de una notable vitalidad religiosa e intelectual en algunas épocas y, en cualquier caso, no desaparecieron, ya que han llegado hasta nuestros días.

La emigración hacia el norte de grupos de cristianos andalusíes arabizados dio lugar, como hemos visto, a la aparición del término mozárabe para nombrarlos. Fueron los mozárabes los que parecen haber puesto en marcha la ideología neovisigotista que será adoptada por los reyes astur-leoneses. Tal vez se pueda identificar un intento por desarrollar una ideología parecida en al-Andalus en el hecho de que Ibn Hafsun, cuya rebelión en la segunda mitad del siglo IX constituyó una seria amenaza para los omeyas, afirmó ser descendiente de un conde (*qumis*) con una genealogía que se remontaba a un antepasado con el nombre visigodo de Alfonso. Por la misma época, el rey de Asturias, Alfonso III (r. 866-910), estaba promocionando la escritura de obras históricas en las que se ponía énfasis en las hazañas de su (supuesto) antepasado Alfonso I y, al mismo tiempo, se presentaba el reino asturiano como el heredero del reino visigodo de Toledo y la lucha contra los musulmanes como la recuperación de un territorio perdido. Esa genealogía de Ibn Hafsun, si se vincula a la acusación de que se convirtió al cristianismo, puede reflejar el intento de buscar un linaje de prestigio para legitimarse como gobernante ante las comunidades cristianas de las regiones donde actuaba.

La comunidad cristiana arabizada de Toledo ha dejado una abundante documentación que revela un alto grado de interpenetración social y cultural con las otras comunidades y que contribuyó a hacer de la ciudad un importante centro para la traducción de obras árabes al latín y también al romance emergente como lengua literaria.

El caso de los judíos

La comunidad judía instalada en la península ibérica había sufrido persecución en época visigoda, mientras que en época islámica creció demográficamente y floreció desde el punto de vista económico. Su arabización facilitó que los judíos andalusíes pudiesen viajar por otras regiones del mundo islámico, estableciendo contacto con otras comunidades judías y desarrollando redes comerciales de largo alcance. Esa arabización también fue un factor importante en su florecimiento cultural: atraídos por las contribuciones árabes en campos como la gramática, la poesía, la prosa literaria, el misticismo y las "ciencias de los antiguos", las aprovecharon para fortalecer su propia tradición cultural y religiosa, sin por ello abandonar la lengua hebrea. Estos desarrollos no fueron exclusivos de los judíos andalusíes, sino que se dieron en todo el mundo islámico, hasta el punto de que David J. Wasserstein ha argumentado que "el islam salvó al judaísmo" al dar a las comunidades judías una cobertura legal (la *dhimma*) que las libraba de la persecución y al facilitar, gracias a los procesos de arabización y aculturación resultantes, los contactos y la comunicación entre comunidades dispersas que estaban en riesgo de aislarse unas de otras.

El florecimiento cultural de los judíos andalusíes despegó en época califal y queda patente, como ya se ha dicho en el capítulo 4, en la obra de Saʿid de Toledo sobre los logros científicos de la humanidad. Su actividad literaria fue también intensa en lo que se refiere a temas relacionados con sus creencias y prácticas religiosas, desde comentarios de la Torá hasta obras de carácter ascético y teológico, poesía religiosa y textos legales. En todo ello, la huella del contexto arabo-islámico en el que vivían fue profunda, aunque no dejó de suscitar debates internos dentro de la comunidad: por ejemplo, el empleo de la lengua árabe, la adopción de las ideas gramaticales desarrolladas para dicha lengua con el fin de aplicarlas al hebreo y la adopción de metros árabes para escribir poesía en hebreo contaron tanto con detractores —que veían el peligro de dar entrada a lo profano (el árabe) en lo sagrado (el hebreo)— como con defensores. En cualquier caso, no se trató de una absorción pasiva por parte de los judíos de modos de pensar y modelos de conducta tomados de la cultura arabo-islámica, sino de un proceso creativo y productivo que fortaleció su propia cultura, dando lugar, por ejemplo, a una obra como la de Maimónides, que renovó profundamente el judaísmo rearticulándolo en el marco de la razón universalista.

Los escritos producidos en la comunidad judía andalusí y las tendencias que revelan nos ayudan a entender mejor la historia intelectual de los propios musulmanes andalusíes, ya que en campos como el misticismo y la filosofía compartían las mismas fuentes y se planteaban cuestiones parecidas. Por ello, no se puede acometer el estudio de esos campos sin tener en cuenta a la vez la producción judía y la musulmana.

Es especialmente conocida la labor desarrollada por los judíos en el proceso de traducción de obras filosóficas y científicas del árabe al latín, pero también fue importante su papel en la preservación de los textos árabes: el estudio de los manuscritos árabes que fueron copiados o circularon en la España cristiana muestra que los judíos fueron los principales herederos de la cultura científica desarrollada en el mundo islámico.

La caracterización de los judíos en las fuentes árabes incluye estereotipos negativos que, en algunos autores como el emir ʿAbd Allah, se conecta con un determinismo de tipo astrológico (asociación con Saturno). Los versos del poeta granadino Abu Ishaq al-Ilbiri (m. 1067) contra los judíos por la posición de poder que alcanzaron en el reino zirí reflejan como el sentimiento de superioridad al que los musulmanes estaban acostumbrados desde la conquista se podía utilizar para azuzar a las masas:

Los que no son ellos comen por un dírhem, y lo que ellos comen es incalculable.
Os han suplantado con vuestro señor y no os oponéis y no protestáis [...]
Ellos matan reses en todos los zocos y vosotros habéis de comer sus piltrafas [...]
¿Cómo van a ser nuestros protegidos, si nosotros estamos debajo y ellos arriba y somos nosotros los humillados, como si ellos fueran los buenos, nosotros los malos? (García Gómez, 1944).

Entre los insultos que el poeta dirige a los judíos no se cuenta el que sean usureros, estereotipo este que está ausente en las fuentes islámicas.

El uso de la violencia: yihad

Un judío andalusí escribió: "No tenemos nada que replicar cuando [los musulmanes] nos dicen a diario: 'Todos los demás pueblos tienen un reino, pero del vuestro no hay memoria en la tierra'" (Brann, 2021: 66).

Los judíos, carentes de poder militar, no constituían una amenaza, mientras que sí lo eran los cristianos que habían establecido varios reinos en la parte septentrional de la península.

En las fuentes árabes se representó al-Andalus como una isla rodeada por el mar por todos sus lados, menos por uno en el que lo que había era un mar de cristianos. Sabiéndose en la periferia del mundo islámico y con el peligro de ese mar de cristianos en su frontera norte, se advierte en algunos textos andalusíes un sentimiento de precariedad de la presencia musulmana en la península ibérica. Desde el siglo IX ya circulaban predicciones sobre su eventual desaparición. También circulaban tradiciones en las que los andalusíes se preciaban de su cumplimiento del precepto de la lucha contra los infieles, el yihad, como esta transmitida por ʿAbd al-Malik ibn

Habib (m. 853), basándose en una cadena de transmisión que se remontaba hasta el Profeta:

> A mi muerte se conquistará una isla situada en el Magreb llamada al-Andalus; el que viva allí vivirá feliz y el que muera morirá mártir. Sus habitantes mantendrán con el enemigo continuas batallas y escaramuzas; habitarán el país con la oposición de los enemigos, sin que les afecte su escaso número ni su aislamiento: ante ellos, un mar proceloso y a sus espaldas, un enemigo acechante, numeroso y bien comunicado con sus aliados. De esta forma en al-Andalus solo se podrá ver gente que pase las noches en vela por amor a Dios, que combata por Él y que tenga al enemigo cerca y se someta a la voluntad divina (Fierro, 2008: 32).

Pero la realidad es que, tras la primera oleada de conquistas que había llevado el dominio musulmán hasta más allá de los Pirineos, los musulmanes no ocuparon permanentemente la zona septentrional ni pudieron evitar que allí se constituyeran reinos como el astur-leonés, el castellano, el navarro y los condados catalanes. Durante la época omeya se llevaron a cabo campañas de castigo, pero no hubo un intento sostenido y eficaz por extender los territorios gobernados por musulmanes. Esas campañas —además de dar como resultado la obtención de botín— permitían a los gobernantes que las llevaban a cabo legitimarse como cumplidores del deber del yihad al que incitaban varias aleyas coránicas. La forma en la que se manifestaba públicamente dicho cumplimiento era con el desfile en Córdoba de las tropas que salían en campaña y a su regreso, con la exhibición del botín conseguido, especialmente los cautivos y las cabezas cortadas de los enemigos vencidos (esta práctica, la de cortar cabezas, también se daba en la zona cristiana).

La época de los reinos de taifas trajo consigo un debilitamiento militar de los musulmanes, prefiriendo los reyes pagar tributo a los cristianos (las parias) e incluso utilizar tropas cristianas para combatir a sus enemigos musulmanes. La toma de Barbastro en 1064 impulsó a algunos andalusíes a abogar por la necesidad de volver a dar preeminencia a la práctica del yihad no solo por parte del gobernante, sino incitando también a los musulmanes a actuar como combatientes voluntarios. Hubo ulemas y ascetas que tomaron parte en campañas militares y otros que se dedicaron a la práctica del *ribat*, consistente en una combinación de ejercicios guerreros y de devoción en lugares de frontera. Pero esta práctica, si se llevaba a cabo al margen del poder estatal, podía ser considerada sospechosa por este. A pesar de algunos intentos por potenciar el ideal del yihad como deber individual de todo creyente, no se desarrollaron con éxito movimientos de activismo en ese sentido en suelo peninsular, por lo que los andalusíes acabaron dependiendo, para combatir a los cristianos, del potencial militar de los movimientos político-religiosos surgidos en la otra orilla. En ese combate acabaron fracasando y las razones por las que no pudieron detener el avance cristiano han sido analizadas por varios investigadores proponiéndose distintas explicaciones:

1. Motivos culturales, que incluyen la incapacidad de las elites religiosas por activar el yihad como deber individual, involucrando a la población local y la escasa presencia del modelo de "héroe guerrero" más allá de los suministrados por la época del Profeta y sus compañeros.
2. Diferencia entre la sociedad tributaria musulmana y la feudal cristiana, que daba ventaja a esta última al estar organizada para la guerra, de manera que todos los sectores de la sociedad estaban involucrados en ella, mientras que la primera no estaba militarizada, lo que habría llevado a no valorar adecuadamente el potencial cristiano e impedido el desarrollo de una respuesta eficaz.
3. Preferencia dada por los gobernantes musulmanes a gastar el dinero recaudado, potenciando los elementos de fastuosidad y representación, y detrayéndolo del campo militar, tal y como ha planteado Josep Suñé.

La doctrina del yihad, en cualquier caso, incluía la posibilidad de firmar tratados de paz, aunque estos fuesen admisibles tan solo por periodos limitados, de manera que hubo a lo largo de la historia de al-Andalus una intensa actividad diplomática para establecer treguas y compromisos, acompañada de prácticas como las del rescate de cautivos. En la época nazarí, hicieron aparición figuras que gestionaban los conflictos que surgían en la frontera entre cristianos y musulmanes, dando así una cobertura legal que cruzaba la barrera confesional. De hecho, a lo largo de la historia de al-Andalus, la frontera no fue solamente un lugar de confrontación, sino también una zona permeable en la que ocurrían intercambios y contactos de distintos tipos y que podía ser cruzada en ambos sentidos por individuos y grupos que, sintiéndose insatisfechos o inseguros entre sus correligionarios, buscaban oportunidades entre los de religión distinta. Los ejemplos que se podrían dar son muchos: desde el beréber Mahmud y su hermana Yamila, que se establecieron entre cristianos en el siglo IX, hasta el infante Enrique, que buscó asilo en Túnez en 1261.

¿Una *dhimma* cristiana?

Algunos textos en fuentes cristianas sugieren que hubo gobernantes musulmanes que actuaron como vasallos de reyes cristianos: habría sido el caso del emir hudí Sayf al-Dawla (Zafadola) quien, en su deseo de recuperar las posesiones de sus antepasados arrebatadas por los almorávides, convenció a familiares y gentes de su corte para reconocer a Alfonso VII de León (r. 1126-1157) como rey. También se atribuye a los sultanes nazaríes una relación de vasallaje en textos cristianos. Nada parecido se menciona en los textos árabes, ya que el concepto de vasallaje a un rey cristiano es algo impensable en la teoría política islámica y reconocer su existencia habría supuesto un déficit de legitimidad para esos gobernantes musulmanes. Pero como ya hemos tenido ocasión de repetir, teoría y práctica no siempre van unidas.

El avance militar puso bajo gobierno cristiano territorios poblados por habitantes musulmanes y, en estos casos, las fuentes árabes sí recogen las condiciones otorgadas por los conquistadores a las poblaciones sometidas, a pesar de que el derecho islámico era reacio al reconocimiento de esas situaciones. Cuando Alfonso VI conquistó Toledo, estipuló una serie de condiciones que eran bastante favorables a los musulmanes: tomaba bajo su salvaguardia la vida y los bienes de los toledanos, que eran libres de marcharse o quedarse, les exigía una capitación fijada de antemano y les dejaba conservar la mezquita aljama. Fuentes árabes también atribuyen a Alfonso VI haber adoptado el título de "emperador de las dos religiones", que revelaría su intención de reinar sobre cristianos y musulmanes, permitiendo a estos conservar su religión. Cuando, bajo la presión de sectores de la Iglesia y de los francos en su corte, la mezquita aljama fue convertida en catedral y se hicieron sonar campanas desde el alminar, las crónicas cristianas recogen la furia del rey, pero de hecho no hizo revertir la situación. La posibilidad de seguir viviendo como musulmanes se mantuvo, en cualquier caso, para los mudéjares, quienes —como los cristianos bajo dominio musulmán— tuvieron también la opción de convertirse o de emigrar a territorio musulmán.

Las capitulaciones de Granada firmadas en 1492 también permitieron a los musulmanes permanecer en la tierra que había sido suya, pero fueron anuladas tras las revueltas musulmanas motivadas por los intentos de conversión y de evangelización, y por la presión repobladora con gentes llegadas del norte. En 1502 se decretó la conversión obligatoria de los musulmanes de la Corona de Castilla y en 1526 de los de la Corona de Aragón. Una vez convertidos, los moriscos se vieron sometidos a campañas para asegurar su conversión y su asimilación cultural. Cuando la nobleza, interesada en el valor económico del trabajo de los moriscos en sus tierras, los protegía, ello despertaba el resentimiento de otros grupos dentro de las capas populares. Los especialistas en el tema han mostrado que hubo una gran variedad de situaciones a lo largo del tiempo y del espacio y que fueron muchos los factores que explican el resultado final, entre ellos, el papel de la Monarquía Hispánica como campeona del catolicismo frente a la Reforma protestante, la rivalidad con el Imperio otomano del que los moriscos eran vistos como posible "quinta columna" y las dinámicas de confesionalización (los súbditos debían tener la misma religión que sus gobernantes) que se generalizaron en Europa en la época.

En 1492 se había expulsado a los judíos, medida que también respondió a una compleja variedad de factores: mesianismo cristiano aplicado a los Reyes Católicos, desarrollo de la idea de "limpieza de sangre" para privilegiar a los "cristianos viejos" frente a los judeo-conversos (muchos de los cuales se habían convertido bajo la presión de las persecuciones producidas en siglos anteriores), creación de la Inquisición para controlar a los conversos y amplificación del temor a la mezcla y al contagio con la consiguiente marginación de los conversos. Todo ello afectó también a los conversos de origen musulmán. En 1569 se rebelaron los moriscos granadinos en las Alpujarras y tras su derrota, los supervivientes fueron deportados. A partir de 1582, se empezó a plantear la posibilidad de expulsar a los moriscos. Hubo objeciones, sobre todo el hecho de que eran gentes bautizadas, de entre ellas, muchos buenos cristianos a los que se iba a exponer a la apostasía. Ni Felipe II (r. 1556-1598) ni el papado eran favorables a la expulsión como medida colectiva, pero sí a intensificar las medidas de asimilación. Felipe III (r. 1598-1621) se dejó influir por quienes veían en los moriscos un peligro militar y de orden público, temían su crecimiento demográfico y el castigo divino por consentir su existencia. Hubo quienes intentaron fomentar la evangelización de los moriscos como método para garantizar que fuesen buenos católicos, pero los intentos por evitar la expulsión no tuvieron éxito. El fracaso de la campaña contra Argel y las treguas con los protestantes, que implicaba la futura independencia de la República holandesa, son el trasfondo de la decisión tomada finalmente de expulsar a los moriscos, incluyéndose entre los deportados a aquellos de los que se tenían garantías de que se consideraban cristianos y también a los niños: se estigmatizaba a todo un grupo social al que se le atribuía una sangre impura y ser consustancialmente "traidor" de una supuesta esencia católica de lo hispano. Al mismo tiempo, en algunos sectores, se desarrollaba una "maurofilia" con marcado carácter literario.

CAPÍTULO 7

La ansiedad de la influencia

Al-Andalus, Hispania y España

Hemos visto como durante el siglo XIX los arabistas españoles de la escuela iniciada por Francisco Codera mostraron cierta preferencia por la expresión España musulmana. En un momento en que lo "racial" se valoraba especialmente y lo "semita" era considerado culturalmente atrasado, pusieron el énfasis en la continuidad étnica existente entre los habitantes de al-Andalus y los de los reinos cristianos. De esta manera, las aportaciones hechas por los andalusíes a la cultura se debían no al elemento árabe, sino al elemento autóctono, así como a la influencia que la cultura griega y persa habían ejercido en la formación de la cultura islámica. Esta, en otras palabras, había sido posible por lo heredado de la Antigüedad.

Respecto al elemento autóctono, las fuentes disponibles no permitían construir un relato convincente en el que la cultura andalusí pudiese ser explicada como deudora de la época anterior. Los pocos datos que permitían enlazar con lo preislámico fueron puestos en valor: por ejemplo, huellas de la obra de Isidoro de Sevilla y de conocimientos astrológicos tomados del *Libro de las cruces* y, sobre todo, influencia de la arquitectura local (romana y visigoda) en el naciente arte andalusí. Esto permitía anclar localmente una contribución que había dado lugar a monumentos de prestigio como la mezquita de Córdoba. Ha surgido, sin embargo, en las últimas décadas una postura revisionista que —a través de la evidencia suministrada por la arqueología de la arquitectura— plantea que algunos de los edificios considerados preislámicos deben ser fechados en realidad en época islámica, lo que implica replantear los fundamentos del arte andalusí en su relación con Oriente y con el contexto local.

Como lo preislámico no daba para mucho, los arabistas españoles concentraron sus esfuerzos en mostrar la influencia que la cultura arabo-islámica y su variante local andalusí habían ejercido en el contexto de la Edad Media hispana y, por tanto, en la cultura española, insistiendo siempre en que las raíces de esa cultura —en último término— no eran ajenas. Por ejemplo, para Miguel Asín Palacios (1871-1944), el misticismo islámico que, según él, había influido en autores como san Juan de la Cruz (1542-1591) y en los alumbrados, no era en sus orígenes sino un "islam cristianizado". Al margen de estas pretensiones —que los ayudaban a limitar las reacciones de antagonismo a la hora de plantear la "deuda" que la cultura española tenía con la andalusí—, esos arabistas llevaron a cabo una ingente labor para familiarizar a su audiencia con autores, obras y corrientes de pensamiento que hasta entonces apenas eran conocidos. Editaron manuscritos, tradujeron al español obras filosóficas, literarias, históricas y geográficas, escribieron estudios para mostrar como las fuentes árabes permitían enriquecer la comprensión de los acontecimientos históricos, de los orígenes de la lírica en romance, de la música medieval, de prácticas e instituciones legales o de la escatología cristiana en la *Divina comedia*. Los marcos explicativos que desarrollaron han sido criticados y algunos no han alcanzado consenso académico, pero contribuyeron a que, a la hora de escribir sobre la Edad Media en la península ibérica, se tuviese en cuenta su pluralidad lingüística, cultural y religiosa, que se empezase a pensar desde otras perspectivas y, al hacerlo, se "descentrase" el relato prevalente, abriendo la posibilidad de tener en cuenta las voces de los musulmanes y los judíos. No fue baladí lo que hicieron, porque todo planteamiento en términos de "influencia" en el marco nacionalista, que era el predominante, genera ansiedad: si lo que valoro como mío lo he tomado de otro, ¿cómo puedo utilizarlo para marcar fronteras? La ansiedad, naturalmente, va en una única dirección: si "nosotros" influimos en los demás y estos se convierten en deudores nuestros, entonces el orgullo nacional sale fortalecido; si los demás nos influyen a "nosotros" y ello nos convierte en sus deudores, entonces es que el otro está por encima y esto es un problema. El problema se agudiza si ese otro no es alguien valorado por su "raza", su religión o su lengua, o si ese otro —por distintas razones— se ha convertido en el "Otro" por excelencia, aquel cuya alteridad esencial es el fundamento sobre el que se construye la identidad propia. Las formas en que se formuló lo que se consideraba propio y lo que se consideraba ajeno en relación con al-Andalus se desarrollaron en estrecha relación con los temas que ocuparon a los pensadores españoles del siglo XIX y la primera mitad del siglo XX, como las reflexiones sobre la decadencia española tras la pérdida de las últimas colonias (el agónico tema del "ser de España") y sobre el proceso de incorporación a una modernidad que venía de fuera y algunos descalificaban por ello. ¿Había influido la expulsión de los moriscos en el retraso económico español? ¿Cuál era la contribución de España a una modernidad que, por muy criticada que fuera, era insoslayable?

Conservadores inclinados al integrismo católico y al tradicionalismo como Francisco Javier Simonet (1829-1897) potenciaron el discurso de que España se construyó frente al Islam y, por tanto, fueron poco receptivos a ver algo bueno en la etapa andalusí (sobre la tendencia a la "demonización" de al-Andalus volveremos en el siguiente capítulo). Para conservadores también católicos como Asín Palacios, adscrito al neotomismo que quería potenciar un pensamiento moderno, pero enraizado en la tradición católica, era imprescindible dar valor a las corrientes de pensamiento que se habían desarrollado en el sur de Europa. Para él, que la obra de santo Tomás de Aquino (1225-1274) no pudiese entenderse sin la de Averroes no constituía un problema, sino que marcaba la diferencia con la modernidad procedente del mundo protestante. Los ilustrados españoles, los "afrancesados", vieron en la cuestión morisca un precedente que les permitía enlazar con su propia experiencia de ser calificados de "traidores" por quienes querían imponer una visión exclusiva y excluyente de lo "español", sufriendo por ello persecución y exilio. Potenciaron por ello una aproximación más plural al pasado medieval peninsular. Así, Pascual de Gayangos (1809-1897), entre otros, puso en valor la literatura aljamiada y la poesía de los moriscos. Intelectuales en las corrientes progresistas lamentaron el destino de estos, viéndolo como un ejemplo más de intolerancia y negación del carácter plural de toda sociedad.

Al-Andalus y el norte de África

Tras la conquista islámica, el término beréber —relacionado con el utilizado en griego y luego en latín para designar a los que hablaban una lengua "ininteligible", los bárbaros— se aplicó en las fuentes árabes a la parte menos romanizada de la población norteafricana, otorgando unidad a unas tribus que parecen haberse visto a sí mismas como distintas unas de otras (si bien esa unidad es hoy en día defendida por las corrientes identitarias amazigh). Los autores andalusíes intensificaron la tendencia a crear una realidad unificada de lo "beréber" y lo hicieron porque la identidad andalusí se construyó en gran medida incidiendo en la diferencia con quien era el vecino más próximo, al que más se necesitaba, pero también al que más se temía por su eficacia militar y por su capacidad para generar construcciones imperiales que acababan integrando en su seno, en una situación de subalternidad, a un al-Andalus que se sentía superior por su cultura árabe. Un ejemplo, entre otros muchos, de hasta donde podía llegar la hostilidad es la orden que dio el califa al-Hakam II de quemar públicamente en su ciudad palatina una silla de montar que utilizaban los jinetes beréberes traídos del norte de África y que los distinguía del resto de las tropas califales: se necesitaba el potencial militar beréber, pero se temía perder los rasgos de identidad propios si se adoptaban sus costumbres.

Las relaciones familiares, políticas, militares, comerciales, culturales y religiosas entre las dos orillas del Estrecho fueron, a pesar de esa hostilidad y del resentimiento que causaba, muy estrechas. Por ejemplo, es imposible escribir la historia del misticismo andalusí sin tener en cuenta el contexto norteafricano y viceversa.

Se ha mencionado antes el sentimiento de precariedad que se detecta desde muy temprano en relación con la presencia islámica en la península ibérica. Una de las tradiciones que circularon al respecto señalaba que los musulmanes de al-Andalus, atacados por los politeístas (es decir, los cristianos, acusados de politeísmo por su creencia en la Trinidad), se verían obligados a huir: algunos podrían embarcar y llegar a Tánger, pero para los demás Dios abriría un camino en el mar que les permitiría cruzarlo y así salvarse. Esa tradición circulaba ya en el siglo IX, aunque parecería haber sido creada a raíz de la expulsión de los moriscos. Esa expulsión llevó a muchos de ellos a instalarse en el norte de África, donde se les dio acogida y donde han dejado distintos tipos de huellas que revelan las complejas identidades de los individuos expulsados. Por ejemplo, uno de los moriscos instalados en Túnez compuso una obra en la que combinaba textos religiosos islámicos con versos de Lope de Vega. En Testour, una localidad fundada por los deportados, todavía había hispanohablantes un siglo después de su llegada, si bien, a diferencia de lo que ocurrió con los judíos expulsados que conservaron la lengua y su identidad sefardí por largo tiempo, acabaron arabizándose.

Los descendientes de los andalusíes, sobre todo en Marruecos, se han movilizado —sin éxito hasta ahora— para reclamar la posibilidad de obtener la nacionalidad española, posibilidad que se les concedió a los descendientes de judíos sefardíes en 2015. En el norte de África, existen varias agrupaciones que conservan la así llamada música andalusí, que goza de gran popularidad y que constituye uno de los elementos que más se utiliza para conformar la identidad andalusí en el contexto magrebí. La vitalidad de esa identidad en Marruecos no se puede entender sin tener en cuenta la experiencia colonial durante el Protectorado español en Marruecos (1912-1956). El colonialismo español desarrolló un discurso en el que se argumentaba que la cultura arabo-islámica local procedía en gran medida de la España musulmana, lo que permitía hablar de una hermandad hispano-marroquí que daba legitimidad al dominio por parte de España. El nacionalismo marroquí independentista adoptó ese discurso colonial, elaborando una identidad nacional fundada en lo árabe-andalusí que marginaba el elemento beréber.

Ese discurso de hermandad fue también utilizado por el arabista Asín Palacios para justificar por qué, en su sublevación del año 1936, el general Francisco Franco utilizó tropas marroquíes para liderar en España un movimiento de corte nacionalcatólico. Convencido como estaba de la existencia de profundas afinidades teológicas entre la religión musulmana y la católica —afinidades que había tratado en sus escritos sobre misticismo y escolasticismo—, Asín Palacios presentó la sublevación como la lucha contra el materialismo ateo de la España republicana llevada a cabo por "soldados de Dios" tanto cristianos como musulmanes, proponiendo así una curiosa combinación de cruzada y yihad al mismo tiempo:

> Bajo la áspera corteza de estos rudos y valientes soldados marroquíes palpita un corazón gemelo del español, que rinde culto a unos ideales ultraterrenos, no muy dispares de los nuestros, y que siente las vivas emociones religiosas que nosotros sentimos, porque profesa muchos de los dogmas cristianos que nosotros profesamos y que el marxismo ateo repudia y persigue con ensañamiento (Asín Palacios, 1940: 148-149).

Escrito en 1940, este texto revela cuán maleable es la representación de lo islámico en función de los fines que se persiguen y como esa representación de quienes nos informan es, en realidad, de quienes la escriben.

Al-Andalus y el mundo árabe e islámico

Los andalusíes, situados en la periferia occidental del mundo islámico, miraron a Bagdad como lugar al que emular por sus logros culturales y se vieron a sí mismos en relación con ese Oriente al que admiraban, desarrollando sobre sí mismos una visión muy halagüeña: "[Los andalusíes] son como los de Bagdad por su sagacidad, inteligencia, perspicacia, talento, sutileza de ingenio, agudeza de pensamientos, penetración de ideas y por sus buenas costumbres, elegancia y gentileza" (cita de Ibn Galib en Vallvé, 1986: 84-86).

En este y otros textos, los andalusíes combinaron la admiración por el Oriente islámico con un sentimiento de no quedarse cortos con respecto a los orientales. El sentimiento de superioridad que desarrollaron se basaba en los méritos que les daba vivir en una posición geográfica periférica, en la fertilidad de la península ibérica, en el noble linaje árabe de sus pobladores, en su defensa de la ortodoxia (malikismo), en su dedicación al estudio y al saber, y en la sofisticada cultura que habían desarrollado, tal y como ha mostrado Ross Brann.

Por muy superior que fuese lo logrado, el hecho es que los andalusíes viajaron a Oriente con objeto de estudiar allí, pero fueron pocos, muy pocos, los orientales que se desplazaron a al-Andalus en viaje de estudios. Ello no quiere decir que las aportaciones desarrolladas por los andalusíes no fueran conocidas fuera de la península ibérica: la poesía estrófica surgida en tierras andalusíes, la moaxaja, se popularizó en tierras orientales, donde fue muy apreciada e imitada. Los viajeros andalusíes, muchos de los cuales —por diversos motivos— acabaron instalándose en Egipto, Siria, Iraq o Yemen, llevaron consigo esas aportaciones y las difundieron. La cultura andalusí, en efecto, no fue solo receptora, sino también creadora de formas, géneros y temas que tuvieron impacto fuera de la península ibérica. Hubo en el Oriente islámico un interés por lo que ocurría en la periferia occidental. Se incluyó al-Andalus en las historias dedicadas al mundo islámico y en el siglo XVII, el norteafricano al-Maqqari (m. 1632) escribió para una audiencia siria una magna obra dedicada en su totalidad a la historia política y cultural de al-Andalus. Su pérdida para el Islam tras la conquista cristiana fue lamentada en prosa y en verso, dando lugar a una memoria y una nostalgia que dotó a lo andalusí de una especial capacidad de atracción para los árabes y los musulmanes: al-Andalus se convirtió en un "paraíso perdido".

El historiador de familia andalusí instalado en Egipto, Ibn Jaldun, de cuyo interés por lo que ocurría en el mundo cristiano ya hemos hablado, estaba al tanto de que las ciencias filosóficas estaban floreciendo allí en su época. Siglos más tarde, el creciente poderío intelectual, económico y militar de países europeos como Francia y Gran Bretaña desembocó en la intervención colonial en el mundo islámico. Las reacciones ante una modernidad que venía de la mano del colonialismo fueron variadas. Una de ellas fue el desarrollo del nacionalismo árabe por intelectuales tanto musulmanes como cristianos. Al-Andalus adquirió en esa corriente un papel protagonista. Como hicieron otros, el libanés Mustafa Farrukh (1901-1957) viajó al sur de España en su juventud e impresionado por edificios como la Alhambra, escribió que una nación —la suya, la de los árabes— que había sido capaz de crear ese arte y que tenía una historia con tan famosos acontecimientos no podía morir. La civilización andalusí, que él veía como gloriosa, ofrecía, por un lado, profundidad histórica a los árabes —en un territorio además que era parte de Europa— y les aseguraba, por otro lado, un futuro brillante. Al-Andalus había sido un paraíso y ahora era un paraíso perdido, pero cabía la posibilidad de una redención.

No debe extrañar que las reacciones a la creación de Israel en 1948 incluyeran la referencia a al-Andalus, cuya pérdida fue equiparada a la sufrida por los palestinos. El carácter mítico y emotivo que ha adquirido al-Andalus en el mundo árabe e islámico tiene unas dimensiones considerables (por eso digo que la "marca al-Andalus" se vende sola) y se expresa a través de múltiples medios: estudios, novelas, películas, series de televisión, canciones, etc. Para dar una idea de su alcance en el mundo islámico no árabe, Abdurrahman Wahid (1940-2009), que llegó a ser presidente de Indonesia, recibió al nacer el nombre de Abd al-Rahman al-Dajil, el título por el que se conoce al primer emir omeya de Córdoba (el que entró en al-Andalus = al-Dajil), que auspiciaba para él un brillante futuro. En sectores yihadistas, como en el caso del Estado Islámico, se ha promovido la reivindicación de "reconquistar" un territorio que perteneció a la órbita del mundo islámico.

Al-Andalus y Sefarad

En el *BOE* número 151 del 25 de junio de 2015, en el que se decretaba la concesión de la nacionalidad española a los descendientes de judíos sefardíes, se afirma:

> Tal denominación procede de la voz "Sefarad", palabra con la que se conoce a España en lengua hebrea, tanto clásica como contemporánea. En verdad, la presencia judía en tierras ibéricas era firme y milenaria, palpable aún hoy en vestigios de verbo y piedra. Sin embargo, y por imperativo de la historia, los judíos volvieron a emprender los caminos de la diáspora [...]. Los hijos de Sefarad mantuvieron un caudal de nostalgia inmune al devenir de las lenguas y de las generaciones. Como soporte conservaron el ladino o la haketía, español primigenio enriquecido con los préstamos de los idiomas de acogida.

Muchos de los judíos expulsados procedían de familias que, en siglos anteriores, habían vivido en al-Andalus y que emigraron a tierras cristianas tras la conversión forzosa decretada por los almohades. Como ya se ha dicho, su inmersión en la cultura arabo-islámica potenció desarrollos creadores dentro de su propia tradición religiosa y literaria. Mientras que algunos investigadores ven en el uso que siguieron haciendo del hebreo un mecanismo de defensa frente a la aculturación, para el historiador Shelomo Goitein (1900-1985), la productiva simbiosis que se dio en las comunidades judías del mundo islámico no solo se manifiesta en la literatura en árabe que produjeron, sino también en la poesía hebrea que compusieron, especialmente en al-Andalus, y que se caracteriza por la profunda absorción de la cultura andalusí. También por su perdurable influencia. Uno de los poemas del judío andalusí del siglo XI Ibn Gabirol, *Corona real*, todavía se recita hoy en día en la sinagoga y de forma privada por judíos de distintas procedencias. De esa simbiosis también es buena muestra la obra de Maimónides, decisiva en la historia religiosa e intelectual del judaísmo y no exenta de controversia por el papel que le dio a la razón en su sistema.

Durante el proceso de emancipación de los judíos europeos en el siglo XIX, ante las resistencias de quienes veían en la salida del gueto un peligro para la identidad judía, destacados intelectuales propusieron como modelo la experiencia de los judíos en al-Andalus, un precedente —en suelo europeo— de integración en una sociedad no judía que había sido beneficiosa para los judíos. Estos no solo no perdieron su identidad, a pesar de arabizarse e islamizarse culturalmente, sino que la reforzaron. Para los partidarios de la Haskalá (la Ilustración judía), Sefarad se convirtió en sinónimo de una "edad de oro" en la historia del judaísmo. En una situación muy distinta, tras la creación del Estado de Israel, un discurso antiislámico en auge entre algunos grupos judíos ha llevado a revisar críticamente esa idea de la edad de oro e incluso a negarla.

Al-Andalus y Europa

Hugo de Santalla, uno de los traductores activos en la primera mitad del siglo XII involucrados en volcar el conocimiento científico en árabe al latín, afirmó: "Nos conviene imitar especialmente a los árabes, pues fueron nuestros maestros y precursores" (Burnett, 1977: 90).

Por su parte, el filósofo Avempace (m. 1139) describe en uno de esos escritos la llegada de un hombre procedente de Inglaterra que había viajado a al-Andalus para aprender y que no podía contener su emoción cuando pudo empezar sus estudios. Siglos más tarde, el arabista Julián Ribera dijo en 1914: "Cada vez me afirmo más en la creencia de que la cultura científica, literaria, artística, política, etc., de la Europa medieval no podrá ser plenamente explicada sin el estudio profundo de la historia de la cultura de los países musulmanes y, en particular, de España" (al-Jushani, 1985, introducción).

Tanto él como su discípulo Asín Palacios insistieron, además, en que lo valioso que se había dado en la cultura desarrollada en la España musulmana se debía al "genio" de los pobladores autóctonos, así como a la herencia recibida por los musulmanes de los pueblos que habían conquistado. Así lo expresaba Asín Palacios:

> La oposición entre Oriente y Occidente, tópico resobado hasta no hace mucho, va esfumándose ya y aún se disipa del todo, cuando se advierte que, durante la Edad Media, formóse en las tierras mediterráneas un tipo común de civilización, al ponerse en contacto con la Europa cristiana el Islam naciente; este y aquella habían heredado separadamente el patrimonio cultural de la ciencia, del arte y de la literatura del mundo clásico, pero el Islam gozó de un doble privilegio: primero, que la hijuela de su herencia clásica fue más cuantiosa y comenzó a disfrutarla plenamente mucho antes que Europa, sumida esta durante largos siglos en la incultura que trajo consigo la invasión de los bárbaros; pero, además, el Islam recibió su hijuela clásica, acrecida con las aportaciones culturales de otros pueblos de Oriente, Persia, Siria, Egipto e India, extraños, hasta el siglo XIX, a la Europa occidental (Asín Palacios, 1940: 146).

Si la cultura islámica constituía la herencia enriquecida del mundo clásico, si al-Andalus la había recibido y enriquecido a su vez y a través de ella había pasado a Europa, y si al-Andalus era en realidad la España musulmana, eso quería decir que Europa estaba en deuda con España. La "españolización" de al-Andalus ayudaba a contrarrestar los sentimientos de inferioridad y de retraso que se dieron en España frente al despegue de otros países europeos como Francia, Gran

Bretaña y Alemania. El enciclopedista Masson de Morvilliers (1740-1789) había preguntado "que doit-on à l'Espagne?" y su respuesta había sido que Europa no debía nada a España. Era esta una postura que no podía dejarse sin respuesta.

El jesuita Juan Andrés (1740-1817) fue uno de los primeros en ponerse a la faena. Para Montesquieu (1689-1755), Europa empezó en la Edad Media, con la destrucción del Imperio romano por los francos del norte, formándose una "Asia" interna en el sur mediterráneo, que era asiático no solo desde el punto de vista del clima y de la cultura política (despotismo), sino también desde el punto de vista de su propia historia, desde al-Andalus a Sicilia. Juan Andrés, en su obra *Dell'origine, dei progressi e dello stato attuale d'ogni letteratura* (Parma, 1782-1799), quiso frenar la implantación de ese tipo de ideas. Su tesis principal era que el desarrollo cultural europeo era deudor del proceso de recepción que se produjo en la franja mediterránea del sur, especialmente en la península ibérica, durante el periodo de dominación islámica. Frente a Montesquieu, Juan Andrés reivindicó que Europa no podía entenderse sin la aportación meridional, es más, que su verdadera esencia procedía de allí.

Esta reivindicación fue continuada, como hemos visto, por la escuela de arabistas españoles. El título dado en algunas de sus ediciones a la obra de Juan Vernet (1923-2011) sobre la aportación de al-Andalus a las ciencias es *Lo que Europa debe al Islam de España* (en francés, *Ce que la culture doit aux Arabes d'Espagne*) en lo que parece un guiño a la provocadora pregunta de Masson de Morvilliers. Visto lo que hemos ido viendo hasta ahora, no sorprenderá saber que esta "deuda" europea con el Islam ha sido objeto de varios ataques en el contexto creado tras los atentados contra las Torres Gemelas y en relación también con las ansiedades identitarias por la presencia de inmigrantes procedentes del mundo islámico en Europa. En Francia, un profesor universitario, Sylvain Gouguenheim, publicó en 2008 un libro (*Aristote au Mont Saint-Michel*) en el que afirmaba que, en realidad, la transmisión del legado de la Antigüedad al mundo cristiano medieval había ocurrido con anterioridad al proceso de traducciones del árabe y a través de la actividad de monjes cristianos. Europa no estaba, pues, en deuda con el Islam. Naturalmente, hubo reacciones para poner las cosas en su sitio, tanto por parte de destacados historiadores de la filosofía que mostraron la abrumadora evidencia en contra como por otros medios. El cómic *La Bibliomule de Cordoue* narra la historia del trasvase cultural que se produjo en la península ibérica de una forma divertida a través de las peripecias de un eunuco, una esclava y un joven que salvan parte de la biblioteca cordobesa de la quema ordenada por Almanzor, llevándola hacia el norte a lomos de una mula.

CAPÍTULO 8

Al-Andalus y el presente

Convivencia

La presencia de distintas comunidades religiosas y una frontera que era ocasión de intercambios, además de lugar de confrontación, dieron lugar en la península ibérica a sociedades plurales y también a tendencias contrarias a esa pluralidad, como ocurrió bajo los almohades y, tras la desaparición del último reino musulmán, bajo la Monarquía Hispánica.

"Convivencia" es un término que suele aparecer en conexión con esa realidad plural en que judíos, cristianos y musulmanes vivían juntos. Su popularización tiene sus orígenes en la obra de un intelectual español, Américo Castro (1885-1972). Republicano, tras la sublevación de Franco que dio lugar a la guerra civil española (1936-1939), se exilió a Estados Unidos. Allí fue profesor en varias universidades, en un contexto académico donde había especial interés —dada la historia del país— por cuestiones relativas a la frontera (expansión contra los indios), las sociedades plurales (una nación de inmigrantes) y la alteridad (por haber sido una sociedad esclavista). Allí escribió una obra en la que, contrariamente a quienes afirmaban que "España se forjó contra el Islam", sostuvo que España fue el resultado de que las tres comunidades monoteístas viviesen juntas y que el país no podía entenderse sin la interacción entre ellas. Filólogo hispanista cuyo principal interés era la literatura, Castro se centró en el vivir juntos bajo gobierno cristiano. No fue la suya una aproximación histórica, sino una más de las reflexiones —a menudo agónicas— sobre el "ser de España", en la línea que se había iniciado en la generación del 98 tras la pérdida de las últimas colonias y que había cobrado nuevas dimensiones tras la guerra, cuando el intento de la República por dar cobertura a la realidad plural existente en España había acabado con el triunfo de una visión exclusiva y excluyente de lo español, el nacionalcatolicismo. A Castro le interesaban procesos mentales, contexturas vitales, conciencias colectivas; quería capturar lo que hacía que los españoles lo fuesen, dentro de unas concepciones del ser nacional que tenían mucho de idealismo y de esencialismo, desarrollando un vocabulario propio, a menudo oscuro, para tratar cuestiones de identidad, etnicidad y multiculturalismo.

Bajo la dictadura de Franco, la ideología dominante —el nacionalcatolicismo— otorgó cierto lugar a la promoción de esa hermandad con los marroquíes que hemos visto justificada por Asín Palacios en términos de similitudes religiosas. Pero la necesidad de tropas se acabó con el final de la guerra (aunque Franco mantuvo la guardia mora), Marruecos se independizó en 1956 y el nacionalismo árabe con tendencias seculares adquirió protagonismo. Aislado en el contexto internacional y conocido por su aversión a los judíos —supuestos culpables de una conspiración judeo-masónica contra España, "la reserva espiritual de Occidente"— y en un momento de confrontación directa entre el mundo árabe e Israel, el franquismo pasó a reformular la hermandad como "hispano-árabe". El Gobierno fundó el Instituto Hispano-Árabe de Cultura (1954-1974) para promocionar las relaciones con el mundo árabe. Se podría haber esperado que, dado el contexto, las ideas de Castro pudiesen haber ganado cierto apoyo en la España franquista para favorecer esa acción cultural (que tuvo sus logros), pero no fue así. En su obra se daba demasiada relevancia a lo "semita" para hacerla del todo aceptable en el marco nacionalcatólico y ello a pesar de que Castro no dejaba de tener prejuicios sobre los judíos. Fue la obra histórica de otro republicano español exiliado, Claudio Sánchez Albornoz (1893-1984), ferviente católico —obra en la que se mostraba firmemente defensor de la idea de que España se forjó contra el Islam—, la que convergió a la perfección con los presupuestos nacionalcatólicos. Es este un caso en el que la divergencia política de Sánchez Albornoz con el franquismo no remitía a una interpretación divergente del pasado.

Donde la obra de Castro sí alcanzó —y lo sigue haciendo— una gran popularidad fue en Estados Unidos, especialmente entre estudiosos con orígenes hispanos e hispanoamericanos, no solo por el interés por la historia de la península ibérica, sino porque problematizar las identidades lingüísticas, culturales y religiosas tiene resonancias atractivas para quienes proceden de antiguas colonias. La obra de Castro converge bien con el interés desarrollado en Estados Unidos por el multiculturalismo, la transversalidad entre disciplinas o el pensamiento decolonial. Los temas que allí llaman la atención no tienen tanto que ver con la historia política o económica, sino sobre todo con aspectos culturales, artísticos y sociales: pensadores y objetos que podríamos llamar híbridos (Ramón Llull, las jarchas), las relaciones entre las comunidades (festividades celebradas conjuntamente, veneración compartida por determinadas figuras), la cultura material y el modo en que los objetos adquieren nuevos significados al pasar por distintas manos (los botes de marfil procedentes de al-Andalus transformados en relicarios cristianos), las representaciones del otro (judíos y musulmanes en el arte figurativo cristiano) y, en las últimas décadas, cuestiones de género. Brian Catlos ha propuesto también combinar "convivencia" y "conveniencia", ya que las formas, los tiempos y los espacios en los que se establecieron las relaciones entre las comunidades religiosas tenían implicaciones sociales, políticas y económicas, y fueron por ello cambiantes, fruto de una variedad de intereses. La religión nunca fue el único motor de las acciones individuales y colectivas y la convivencia nunca excluyó el conflicto entre las comunidades ni tampoco dentro de ellas, algo que no siempre se tiene en cuenta. Ningún grupo es homogéneo y sus dinámicas de poder internas deben ser consideradas. Por ejemplo, para los líderes de las comunidades judías, el problema no era tanto la exclusión como la aceptación de los judíos por la sociedad gentil en la que vivían, pues ¿cómo iban esos líderes a mantener la cohesión interna, la identidad religiosa y una base impositiva que pudiesen controlar si a los judíos se les permitía vivir junto a los no judíos, vestirse como ellos, socializar con ellos y formar parte de una sociedad que iba más allá de su comunidad?

El choque de civilizaciones

La profesora americana de origen cubano María Rosa Menocal (1953-2012) es la autora de un libro que —en la traducción española del original en inglés que se había publicado en el año 2002— lleva el título de *La joya del mundo: cómo los musulmanes, judíos y cristianos crearon una cultura de tolerancia en la España medieval.* Plantea en él que miembros de las tres comunidades religiosas desarrollaron una compleja cultura a la que se puede aplicar el calificativo de tolerante, no porque incluyese garantías de libertad religiosa comparables a las modernas, sino porque —a pesar de diferencias irresolubles y hostilidades duraderas— produjo manifestaciones que revelaban la aceptación, a menudo inconsciente, de que las contradicciones en uno mismo y en la propia cultura podían ser positivas y productivas. Era este un libro que ahondaba en lo que la autora, siguiendo una línea de la que ya hemos hablado, había tratado en obras anteriores: que la historia de Europa no puede escribirse sin tener en cuenta la de al-Andalus y que esta tiene algo valioso que ofrecer. Pero este libro tuvo una especial repercusión, ya que apareció justo después del ataque terrorista contra los Torres Gemelas en septiembre de 2001, en un momento en que todo lo que tenía que ver con el islam y los musulmanes se volvió sospechoso, hostil y asociado a la violencia, a la intolerancia y a unos valores retrógrados: Menocal ofrecía un contrapunto que muchos consideraron necesario e iluminador.

Hubo otras voces que construyeron el problema subyacente como un choque de civilizaciones: por un lado, un Occidente moderno, secular y tolerante que miraba hacia el futuro; por otro lado, un Islam atrasado, aferrado a una visión religiosa del mundo e intolerante que buscaba claves del pasado para construir su presente. Entre ambos solo cabía una radical incompatibilidad. Lo que hacían esas voces era confundir el Islam en tanto que religión y civilización con ideologías políticas del presente, el islamismo y el yihadismo, cuyos seguidores no representan a los musulmanes en su conjunto, aunque así lo pretendan, de la misma forma que el nacionalcatolicismo no representaba a todos los españoles —por mucho que el aparato de propaganda franquista así lo afirmase—, sino tan solo a los que en él creían. Los que querían asimilar Islam con violencia y terrorismo no podían aceptar la propuesta del libro de Menocal, que fue un éxito editorial y que se tradujo a varios idiomas. En 2016, otro profesor de una universidad estadounidense, también de origen hispano, Darío Fernández-Morera, publicó un libro, *El mito del paraíso andalusí*, cuyo principal objetivo era demonizar lo islámico en general y al-Andalus en particular. Su autor no escribe para entender mejor aquello sobre lo que dice escribir, sino para desacreditar una visión paradisíaca que es solo una ínfima parte de lo que se publica sobre el pasado islámico en la península ibérica. Muestra, además, una enorme parcialidad en su enfoque: si al hablar de las sociedades cristianas tiene especial cuidado en diferenciar entre la teoría y la práctica, no aplica el mismo rasero cuando habla de las islámicas.

El trasfondo no era solamente el libro de Menocal, sino el hecho de que —en el esfuerzo por combatir la demonización del Islam sustentada en los actos yihadistas, las políticas desarrolladas por regímenes ultrarreligiosos como el de los talibanes y las políticas del miedo a la inmigración— al-Andalus se había convertido en una bandera que agitar para probar que el Islam era otra cosa. Y así hubo voces contrarias que propagaron el mito de un paraíso de tolerancia, armonía y ausencia de conflicto, sobre todo en Estados Unidos. Pero hay que insistir de nuevo en que ese tipo de escritos constituyen una ínfima parte de la vasta literatura de estudios disponibles sobre al-Andalus y no pueden ser considerados representativos más que de sí mismos.

En Europa, los interesados en defender y valorar la realidad multicultural y plurirreligiosa del presente —de la que forma parte la población de origen musulmán— han mirado también en ocasiones a al-Andalus como modelo, llegándose a elaborar lo que se conoce como Paradigma de Córdoba: la experiencia de una sociedad islámica del pasado en suelo europeo, caracterizada por el esplendor cultural e intelectual y la "tolerancia" religiosa, se ha promovido como un precedente histórico que indicaría que es posible la convivencia. Lo que subyace es la idea de que se necesitaría eso, un precedente, para asegurar la interacción pacífica entre grupos distintos en el presente y en el futuro —recordemos que esa búsqueda en el pasado para promover una determinada visión en el presente es lo que también hicieron los judíos europeos del siglo XIX con Sefarad y los nacionalistas árabes con al-Andalus—. Es este un uso de la historia que, cuando se presenta como conocimiento histórico (y no como creación literaria o de otro tipo), pero se pone al servicio de necesidades actuales y de intereses específicos, de manera casi inevitable se transforma en un abuso que abre la puerta a un inacabable rosario de réplicas y contrarréplicas. Es lo que yo llamo el interminable juego de *ping-pong* con al-Andalus.

Andalucía y andalucismo

El uso de al-Andalus ha tenido un eco especial en Andalucía, la región de la península ibérica que le debe su nombre y donde se concentra un rico patrimonio procedente de la época islámica. Entre las víctimas de la represión del franquismo se cuenta Blas Infante (1885-1936), fusilado al poco de empezar la Guerra Civil por haber sido promotor de una ideología nacionalista en Andalucía en la que al-Andalus ocupa un lugar central. El movimiento nacionalista andaluz tuvo un cierto auge en la etapa posfranquista cuando, entre otras formaciones de menor importancia (alguna relacionada con grupos de conversos al islam), el Partido Andalucista (1976-2015) logró representación parlamentaria tanto a nivel nacional como en la comunidad autónoma. El nacionalismo andaluz tiene, por el momento, una audiencia limitada.

Ha habido distintas formas mediante las que dentro de ese movimiento se ha hecho uso del precedente histórico andalusí. Una de ellas es la valorización de una época, sobre todo la omeya, en la que una región —poco desarrollada en la modernidad desde el punto de vista económico en comparación con otras regiones españolas y objeto de una representación con estereotipos a veces poco halagüeños— tuvo una posición dominante en todos los ámbitos y Córdoba fue la metrópolis más importante en Europa. Esa valorización se ha hecho no solo desde una perspectiva nacionalista, sino también por su potencial económico en una región en la que el turismo es una de las principales fuentes de ingresos y parte de su atractivo es su patrimonio material e intangible. Iniciativas como "El legado andalusí" han generado una abundante literatura y otro tipo de recursos dirigidos a un público amplio y con objeto de potenciar el turismo cultural. Se está desarrollando también —a escala de Andalucía, pero también nacional— un turismo Muslim-Friendly que busca capitalizar el enorme poder de atracción que la "marca al-Andalus" tiene en el mundo arabo-islámico. Ello requiere adaptar la larga experiencia española en el sector turístico, dirigida anteriormente sobre todo a un público occidental, a un tipo de consumidor que tiene necesidades específicas, por ejemplo, en la dieta, pero también unos conocimientos y un imaginario sobre al-Andalus que tiene sus propias claves. Es un turista —el que procede del mundo arabo-islámico— que tiene en su memoria nombres de poetas (y también sus versos), de reyes, de ulemas de al-Andalus y que, al visitar Andalucía, quiere encontrar referencias a esos conocimientos y ese imaginario. La música, por ejemplo, juega un papel importante. Ya se ha mencionado la música llamada andalusí que se practica en el norte de África, pero las resonancias van más allá. Procedente del actual Pakistán, Aziz Balouch, un musulmán y sufí que en 1934 viajó a Gibraltar por razones de trabajo, desarrolló su gusto por el flamenco, colaborando con Pepe Marchena y dedicando su vida a demostrar las que él consideraba que eran las raíces islámicas de la música andaluza. Llegó a producir un disco de "música-fusión" (*Sufi Hispano-Pakistani*) que incluye una pieza llamada "Granaína árabe del siglo IX". Es este solo un caso de otros muchos en los que el imaginario de al-Andalus se hace música.

La valorización de lo andalusí ha tenido sus detractores dentro y fuera de Andalucía desde las filas del españolismo —el que se ciñe al relato de que "España se forjó contra el Islam"— con algún escrito desde el ámbito académico que propone una lectura demonizadora de la experiencia andalusí, dando una visión distorsionada del sistema de la *dhimma* como instrumento de persecución e incluso de *apartheid*. También han surgido detractores desde las filas de la ultraderecha europea, para la que el ideal de Reconquista y "héroes" como Pelayo se han convertido en referentes.

La valorización de lo andalusí puede convertirse en problemática en las propias filas del andalucismo, ya que como todo nacionalismo tiene que enfrentarse a la ansiedad de la influencia. Si al-Andalus fue una construcción que vino de fuera, traída por los árabes, ¿qué dice sobre mí mismo?, ¿cómo puedo enraizarla en el territorio y en la sangre locales? Un pensador autodidacta fascista, Ignacio Olagüe (1903-1974), que no era nacionalista andaluz sino español, argumentó que al-Andalus no fue una creación de los conquistadores, sino de la población autóctona, ya que antes de que llegara el islam, ya lo habían inventado ellos a partir del antitrinitarismo arriano. A Olagüe lo que le interesaba era España —y sobre todo España en Europa—, no al-Andalus ni Andalucía. Pero, para Olagüe, fue en las regiones meridionales de la Península donde se produjo una cultura avanzada y original durante la Edad Media, de modo que lo español en esos siglos era andaluz, lo andaluz era lo español. Por ello, Europa debía reconocer a España haber desarrollado esa cultura —que no era realmente oriental— cuando nada parecido había en las tierras franco-germánicas del continente. La propuesta de Olagüe —que es caótica en su formulación y no tiene apoyatura alguna desde el punto de vista académico— ha sido retomada dentro de Andalucía por unos pocos que han visto en ella una forma de dar "denominación de origen" local a al-Andalus. En otro contexto, el de Malta —el único país europeo donde se habla todavía una lengua derivada del árabe—, la forma en que algunos han buscado valorizar ese origen "foráneo" de su lengua —en un contexto donde la identidad nacional va unida al cristianismo— es plantear que los árabes que conquistaron la isla no eran musulmanes, sino cristianos y, por tanto, lo árabe del maltés no se debe asociar al islam. El intento de algunos moriscos por separar también lo árabe de lo islámico dio lugar, como hemos visto, a la falsificación de los Libros plúmbeos. Estas falsificaciones —admirables desde el punto de vista del ingenio humano— son fraudes historiográficos cuando se las quiere hacer pasar por otra cosa dentro del ámbito académico.

La situación de las mujeres

Hemos visto que las mujeres en el derecho islámico están sujetas a normas que las diferencian de los hombres: a igual grado de parentesco, la herencia que reciben es menor que la de los varones; no pueden solicitar el divorcio más que en circunstancias especiales que lo hacen difícil y, además, implica un gasto económico para ellas, mientras que el hombre tiene un acceso prácticamente ilimitado al repudio; el testimonio de una mujer vale la mitad que el del hombre... El derecho islámico no rompe con el marco patriarcal que ha prevalecido en el mundo a lo largo de los siglos, aunque también asegura, por ejemplo, el derecho de las mujeres a tener propiedades que pueden gestionar sin interferencia de sus maridos o de sus parientes varones, independientemente de lo que ocurriera luego en la práctica, pero en esto las sociedades islámicas premodernas no se diferencian de las otras. Quienes han estudiado la situación de las mujeres en al-Andalus han concluido que no había diferencias significativas con la que se daba en otras regiones del mundo islámico en lo que se refiere al marco legal y religioso, al margen de algunas especificidades. Una de ellas —atestiguada también en Ifriqiya, pero no en Oriente— era la posibilidad de introducir en el contrato de matrimonio una cláusula que establecía que el marido no podría casarse con otra mujer o adquirir una esclava-concubina mientras durase el matrimonio con la mujer con la que estaba contrayendo el vínculo. Si el marido actuaba de otra manera, la mujer obtendría el divorcio. Hay otras especificidades que son propias del derecho malikí o que pueden relacionarse con el derecho consuetudinario beréber, por ejemplo, en el caso de los recursos a los que podían optar las mujeres maltratadas.

Entre las mujeres había diferenciación interna en función de su posición social, su estatus legal, su edad y "estado civil", su religión..., de manera que no es posible generalizar sobre su papel en la sociedad más allá de que esta era, como se ha dicho, patriarcal y que la mujer ideal era una esposa sumisa y obediente, atenta a cualquier deseo de su esposo y siempre dispuesta a atender sus necesidades, sexuales y de otro tipo.

A las mujeres se les ha dado, y se les da, un papel crucial a la hora de marcar identidades y asignarles valoraciones. No debe, por ello, sorprender que, por ejemplo, en el caso de quienes consideraban que lo andalusí fue fundamentalmente un producto del elemento poblacional autóctono, se afirmase que la "mujer andalusí" habría gozado de una mayor libertad que en otras regiones del mundo islámico. El caso que siempre sale a relucir al respecto es el de la princesa omeya Wallada, de la que se cuenta: "Sobre el hombro derecho llevaba escrito este verso: 'Estoy hecha, por Dios, para la gloria, y camino, orgullosa, por mi propio camino'. Y sobre el izquierdo: 'Doy poder a mi amante sobre mi mejilla y mis besos ofrezco a quien los desea'" (Garulo, 2009).

Los datos que tenemos sobre la biografía de Wallada son problemáticos y no pueden servir para caracterizar a una inexistente "mujer andalusí" que esté al margen de coordenadas sociales y temporales específicas. Está documentada la existencia de mujeres a las que la formación recibida las hizo merecedoras de ser mencionadas en diccionarios biográficos de ulemas, pero de sus biografías se deduce que su influencia fue muy limitada y que, por regla general, pudieron acceder a esa formación por sus relaciones de parentesco. En el caso de las esclavas, las hubo que no solamente fueron entrenadas para la música con objeto de ofrecer entretenimiento en las reuniones de placer de los hombres, también se dio algún caso de formación científica, por ejemplo, en el uso del astrolabio. La figura de Fátima, una madrileña supuestamente astrónoma, debe ser añadida a la lista de las falsificaciones relativas a la historia andalusí, al igual que las exageraciones que aparecen en relación con la figura de Lubna, una esclava que fue secretaria del califa al-Hakam II, a la que, en la actualidad, se hace fundadora de la biblioteca palatina de Medina Azahara.

Al-Andalus, ¡cuántas cosas se escriben en tu nombre!

Las representaciones de las moriscas en cuadros de la época las muestran llevando un manto con el que podían cubrirse parte de la cara, tal y como hacían las mujeres en el Marruecos urbano colonial. ¿Llevaban velo las mujeres andalusíes? El velo era un signo de estatus social, siendo usado sobre todo por mujeres libres de grupos sociales acomodados. Además, en contextos urbanos, se tendía a restringir la presencia de las mujeres en espacios públicos. El contraste con el mundo cristiano se refleja en una fuente árabe que nos informa de que, en la Granada nazarí, un ulema permitió a una esclava cristiana suya volver a su tierra al ver que no podía soportar un enclaustramiento al que no estaba acostumbrada. Pero en el mundo arabo-islámico, el imaginario sobre al-Andalus incluye también la idea de que la mujer gozaba de una mayor libertad y, a menudo, se la representa sin llevar velo sea cual sea su condición. Un escritor musulmán, Ismail Gasprinski (1851-1914), impulsor de un pensamiento modernista entre los musulmanes del Imperio ruso, imaginó una comunidad utópica islámica que habría permanecido oculta cerca de Granada después de la conquista y donde las mujeres recibían educación y tenían libertad de movimiento. Su obra le servía para proponer una mejora de las condiciones de las mujeres en su tierra, de nuevo mediante el procedimiento de remitir al precedente andalusí.

Se podrían añadir muchos otros ejemplos de cómo al-Andalus a menudo interesa no tanto como realidad histórica, sino como un lugar que transciende esa realidad para convertirse en un "concepto de combate", ofreciendo en distintos lugares y épocas un recurso para reflexionar sobre una gran variedad de temas que responden a los intereses y necesidades del presente que tienen los individuos y grupos implicados. Al-Andalus ha podido adquirir esa relevancia por una combinación de factores, como hemos ido viendo.

Los andalusíes mismos fomentaron una representación de su país como lugar excepcional por su posición periférica, su fertilidad y características paradisíacas, el noble linaje de sus gentes, su ortodoxia religiosa, su dedicación al saber y su desarrollo cultural. Los judíos de al-Andalus también elaboraron una autorrepresentación similar, adaptada a sus circunstancias. La pérdida de control político por parte de los musulmanes añadió un elemento de nostalgia que le dio una carga emotiva especial en el mundo islámico al quedar este amputado de uno de sus miembros. Esa carga emotiva también la hubo en la España cristiana, con la maurofilia haciéndose eco a su manera de la pérdida de al-Andalus con motivos y formas ("Abenámar, Abenámar, moro de la morería...") que han cautivado la imaginación a lo largo del tiempo. Los moriscos utilizaron el pasado en sus intentos por encontrar acomodo en una sociedad cristiana que les era cada vez más hostil, desde la falsificación de los Libros Plúmbeos a la *Verdadera historia del rey Don Rodrigo*, obra en la que el tratamiento a los vencidos tras la conquista islámica le servía a Miguel de Luna (*ca.* 1550-1619) para proponer una corrección al rumbo que estaban tomando las cosas bajo la Monarquía Hispánica. A partir del siglo XIX, movimientos nacionalistas y de regeneración interna de sus comunidades han recurrido a al-Andalus en un sentido positivo para apuntalar sus objetivos, transformándolo en modelo de tolerancia, de armonía entre religiones e interacción entre culturas, de esplendor artístico, de libertad de las mujeres, de cómo deben ser las relaciones entre Occidente y el Islam... En estas construcciones, el hecho de que no haya andalusíes hoy en día que reclamen su pasado en un contexto de nación-Estado contribuye a que ese pasado sea "ancho y ajeno" y se lo puedan apropiar unos y otros.

Esas construcciones idealizadas dan lugar a contraescrituras por parte de quienes quieren proyectar una imagen negativa en términos absolutos del Islam y de los musulmanes y no pueden admitir que haya algo que lo ponga en duda. La demonización de al-Andalus se suele plasmar en burdas manipulaciones tanto de la historia como de las posturas a las que se ataca.

Pero en las construcciones imaginadas que van en un sentido positivo también se tiende a la demonización de algunos colectivos. Los beréberes almorávides y almohades suelen ser representados como fanáticos religiosos que acabaron con la utopía, siendo así que bajo el gobierno de unos y otros ocurrieron muchas cosas —por ejemplo, el desarrollo de la filosofía y el sufismo— que casan mal con esa visión. Los cristianos acaban transformados también en fanáticos religiosos, siendo así que hubo una pluralidad de voces que no deben ser reducidas a las que finalmente acabaron imponiéndose. Los historiadores que se aproximan a al-Andalus sin una misión añadida pueden ser objeto de ataque, por tratar su tema de estudio como mero objeto de conocimiento histórico, por aquellos a quienes lo que les interesa de al-Andalus son las emociones que puede generar en el presente para conseguir las causas que promueven.

Tal y como refleja la cita que abre este libro, lo que apela a las emociones suele ser más atractivo que lo que apela a la reflexión: es el receptor del mensaje quien tiene la última palabra.

Glosario

aleya: versículo del Corán.
alfaquí: jurista.
aljama: mezquita en la que se hace la oración del viernes. También, tras la conquista cristiana, barrio donde vivían los musulmanes.
aljamiado: texto en romance escrito en alfabeto árabe.
***ʿamma*:** el común del pueblo.
cadí: juez.
califa: líder religioso y político de la comunidad musulmana.
***dhimma*:** pacto de protección, estatuto legal de los monoteístas no musulmanes bajo gobierno islámico.
dírhem: moneda de plata.
***fath*:** conquista islámica.
fetua: opinión legal.
***fitna*:** guerras civiles y disensiones violentas entre musulmanes.
imam: líder de la comunidad musulmana.
islam: religión musulmana.
Islam: la civilización islámica, incluye la producción de las otras comunidades religiosas.
jarcha: versos en romance incluidos en poemas en árabe, las moaxajas.
jariyíes: los musulmanes que creen que el imam debe ser el mejor musulmán independientemente de su genealogía.

***jassa*:** las elites.

malikismo: una de las cuatro escuelas legales consideradas ortodoxas dentro del islam.

***maslaha*:** bien común.

***mawla* (plural de *mawali*):** cliente.

***mihrab*:** nicho de la mezquita que señala la dirección de La Meca.

moaxaja: poema estrófico en árabe clásico que podía incorporar versos en romance, en árabe dialectal o en hebreo (jarchas).

moro: del latín *maurus*, habitante del norte de África.

morisco: musulmán en territorio cristiano obligado a convertirse.

mozárabe: cristiano arabizado.

mudéjar: musulmanes que vivían en territorio cristiano.

muladí: poblador autóctono convertido al islam.

parias: tributo pagado por los musulmanes a reyes cristianos.

***saqaliba*:** esclavos de origen eslavo.

Sefarad: nombre dado por los judíos a la península ibérica.

***sharī'a*:** ley revelada.

***shī'íes*:** los musulmanes que creen que el imam debe ser descendiente del profeta Muhammad y que tiene carismas especiales.

***shu'ubiyya*:** reacción de los musulmanes no árabes por poner freno al sentimiento de superioridad de los árabes.

sunníes: los musulmanes que creen que el imam debe ser miembro de la tribu del Profeta.

taifa: cada uno de los reinos surgidos de la disolución del califato omeya cordobés.

ulema: especialista en el saber religioso islámico.

yihad: guerra legal por ajustarse a las normas establecidas en la religión islámica.

***yizya*:** impuesto de capitación pagado por los judíos y los cristianos bajo gobierno islámico.

Bibliografía

ʽAbd Allah (1981): *Al-Tibyān*, traducción de E. Lévi-Provençal y E. García Gómez, *El siglo XI en 1ª persona: las memorias de ʽAbd Allāh*, Madrid, Alianza.

Acién Almansa, M. (1997): *Entre el feudalismo y el Islam. ʽUmar ibn Ḥafṣūn en los historiadores, en las fuentes y en la historia*, Jaén, Universidad de Jaén.

Albarrán, J. (2013): *La cruz en la media luna: los cristianos de al-Andalus*, Madrid, Sociedad Española de Estudios Medievales-Editum-CSIC.

Alexeev, I. *et al.* (2021): "Andalusi Utopia and Muslim Modernity in Late Nineteenth-Century Russia: Ismail Gasprinskii's Epistolary Novel Dar al-Rahat", en R. Scott *et al.* (eds.), *Al-Andalus in Motion: Travelling Concepts and Cross-Cultural Contexts*, Londres, King's College London Medieval Studies, pp. 179-204.

Asín Palacios, M. (1940): "Por qué lucharon a nuestro lado los musulmanes marroquíes", *Boletín de la Universidad Central de Madrid*, vol. 1, n.º 1, pp. 127-52.

Ayala, C. de (2018): "¿Podemos seguir hablando de 'reconquista'? Nacimiento y desarrollo de una ideología", https://bitly.ws/3cDtk.

— (2022): "La Escuela de Traductores de Toledo, ¿mito o realidad?", https://bitly.ws/3cDtC.

BRANN, R. (2021): *Iberian Moorings. Al-Andalus, Sefarad, and the Tropes of Exceptionalism*, Filadelfia, University of Pennsylvania Press.

BRAVO LÓPEZ, F. (2023): "Moorish Blood: Islamophobia, Racism and the Struggle for the Identity of Modern Spain", en M. Volovici y D. Feldman (eds.), *Antisemitism, Islamophobia, and the politics of Definition*, Cham, Palgrave Macmillan, pp. 67-88.

BURNETT, C. (1977): "A Group of Arabic-Latin Translators Working in Northern Spain in the Mid-12th Century", *The Journal of the Royal Asiatic Society of Great Britain and Ireland*, 15 de marzo.

CALDERWOOD, E. (2018): *Colonial al-Andalus*, Cambridge, The Belknap Press of Harvard University Press.

CATLOS, B. (2020): "'Conveniencia' en tiempos de los reinos taifas", *Al-Andalus y la Historia*, https://bitly.ws/3cDwK.

CORTÉS, J. (2000): El Corán (traducción), Barcelona, Herder.

CORRIENTE, F. (2003): *Diccionario de arabismos y voces afines en iberorromance*, Madrid, Gredos.

DAINOTTO, R. M. (2006): "The Discreet Charm of the Arabist Theory: Juan Andrés, Historicism, and the de-centering of Montesquieu's Europe", *European History Quarterly*, vol. 36, n.º 1, pp. 7-29.

FERNÁNDEZ-MORERA, D. (2016): *The Myth of the Andalusian Paradise. Muslims, Christians, and Jews under Islamic Rule in Medieval Spain*, Wilmington, ISI Books.

FIERRO, M. (2008): "Cosmovisión (religión y cultura) en el Islam andalusí", en J. I. de la Iglesia Duarte (ed.), *Cristiandad e Islam en la Edad Media Hispana. XVIII Semana de Estudios Medievales, Nájera, del 30 de julio al 3 de agosto de 2007*, La Rioja, Instituto de Estudios Riojanos, pp. 31-79.

— (ed.) (2020): *The Routledge Handbook of Muslim Iberia*, Londres, Routledge.

FIERRO, M. y GARCÍA SANJUÁN, A. (eds.) (2020): *Hispania, Al-Andalus y España. Identidad y nacionalismo en la historia peninsular*, Madrid, Marcial Pons Historia.

García-Arenal, M. y Rodríguez Mediano, F. (2010): *Un Oriente español. Los moriscos y el Sacromonte en tiempos de Contrarreforma*, Madrid, Marcial Pons.

García Gómez, E. (1944): *Un alfaquí español Abu Ishaq de Elvira*, Madrid-Granada, Escuelas de Estudios Árabes de Madrid y Granada.

García Sanjuán, A. (2013): *La conquista islámica de la península ibérica y la tergiversación del pasado: del catastrofismo al negacionismo*, Madrid, Marcial Pons.

— (2018): "La Reconquista, un concepto tendencioso y simplificador", https://bitly.ws/3cDtk.

Garulo, T. (1998): *Dīwān de las poetisas de al-Andalus*, Madrid, Hiperión.

— (2009): "La biografía de Wallada, toda problemas", *Anaquel de Estudios Árabes*, n.º 20, pp. 97-116.

Goitein, S. D. (1955): *Jews and Arabs: Their Contacts Through the Ages*, Nueva York, Schocken Books.

Granja, F. de la (1969): "Fiestas cristianas en al-Andalus (materiales para su estudio). I", *Al-Andalus*, vol. 34, n.º 1, pp. 1-53.

Guichard, P. (1976): *Al-Andalus: estructura antropológica de una sociedad islámica en Occidente*, Barcelona, Barral.

Halkin, A. S. (1972): "Translation and Translators (Medieval)," *Encyclopaedia Judaica*, vol. XV, pp. 1318-1329.

Hernández, A. (2022): "The absence of the Jewish Usurer trope in Andalusi written sources", *Al-Masaq*, vol. 34, pp. 196-216.

Ibn ʿAbdun (1981): *Risala fi adab al-qadaʾ wa-l-hisba*, traducción de E. Lévi-Provençal y E. García Gómez, *Sevilla a comienzos del siglo XII. El tratado de Ibn ʿAbdūn*, Sevilla, Fundación Cultural del Colegio Oficial de Aparejadores.

Ibn Jaldun (2006-2013): *Kitab al-ʿIbar*, Túnez, al-Dar al-ʿArabiyya li-l-Kitab-Dar al-Qayrawan.

Ibn Quzman (1984): *El Cancionero hispanoarabe*, traducción de F. Corriente, Madrid, Editora Nacional.

al-Jushani (1985): *Quḍāt Qurṭuba (Historia de los jueces de Córdoba)*, edición y traducción de J. Ribera, Madrid, Junta para Ampliación de Estudios e Investigaciones Científicas. Centro de Estudios Históricos.

KAMEN, H. (2014): *The Spanish Inquisition. A Historical Revision*, New Haven, Yale University Press.

LIROLA DELGADO, J. y PUERTA VÍLCHEZ, J. M. (2004-2013): *Biblioteca de al-Andalus*, tomo 7, vol. A-B.

LÓPEZ GARCÍA, B. (2011): *Orientalismo e ideología colonial en el arabismo español, 1840-1917*, Granada, Universidad de Granada.

LUPANO, W. *et al.* (2021): *La Bibliomule de Cordoue*, París, Dargaud.

MAÍLLO, F. (1983): "Contenido, uso e historia del término *enaciado*. Contribución al estudio del Medievo español y al de su léxico", *Cahiers de Linguistique Hispanique Médiévale*, n.º 8, pp. 157-163.

MANZANO MORENO, E. (2006): *Conquistadores, emires y califas. Los omeyas y la formación de al-Andalus*, Barcelona, Crítica.

MARÍN, M. (2000): *Mujeres en al-Andalus*, Madrid, CSIC.

— (2009): *Al-Andalus, España. Historiografías en contraste, siglos XVII-XXI*, Madrid, Casa de Velázquez.

AL-MARRAKUSHI (1955): *al-Mu-ʿyib fi taljis ajbar al-Magrib*, traducción de A. Huici Miranda, Tetuán, Editora Marroquí.

MENOCAL, M. R. (2002): *The Ornament of the World. How Muslims, Jews, and Christians Created a Culture of Tolerance in Medieval Spain*, Boston, Little.

MOLINA, E. (1972): "La Cora de Tudmir según al-ʿUdri (siglo XI). Aportaciones al estudio geográfico-descriptivo del SE peninsular", *Cuadernos de Historia del Islam*, vol. 3, pp. 7-113.

OLIVER ASÍN, J. (1933): "Un morisco de Túnez, admirador de Lope de Vega", *Al-Andalus*, vol. 1, pp. 409-450.

RAY, J. (2005): "Beyond tolerance and persecution: reassessing our approach to Medieval Convivencia", *Jewish Social Studies*, vol. 11, n.º 2, pp. 1-18.

SERGUINI, M. (1992): "Monorreligionismo y su significación unicitaria divina en los dos místicos murcianos, Ibn ʿArabi e Ibn Sabʿin", en A. Carmona (ed.), *Los dos horizontes (Textos sobre Ibn AlʿArabi)*, Murcia, Editora Regional de Murcia, pp. 385-406.

SIRANTOINE, H. (2004): “Sobre las primeras fuentes de los términos ‘andaluz’ y ‘Andalucía’: *cum aliis multis indeluciis y Alandaluf*, unas ocurrencias documentales y cronísticas a mediados del siglo XII”, *Anaquel de Estudios Árabes* n.º 15, pp. 185-190.

SUÑÉ, J. (2018): “El ejército andalusí y su actuación guerrera según la historiografía: aspectos desatendidos y explicaciones renovadas”, *Indice Histórico Español*, n.º 131, https://bitly.ws/3cGED.

VALLVÉ, J. (1986): *La división territorial en la España musulmana*, Madrid, CSIC.

VERNET, J. (2001): *Lo que Europa debe al Islam de España*, Barcelona, Acantilado.

VV AA (1994-2000): *Los reinos de taifas. El retroceso territorial de al-Andalus. El Reino nazarí de Granada (1232-1492)*, Historia de España Menéndez Pidal, VIII/1-VIII/4, Madrid, Espasa.

WASSERSTEIN, D. J. (2015): “¿Cómo salvó el Islam a los judíos?”, *Hesperia. Culturas del Mediterráneo*, n.º 19, pp. 223-8, https://bitly.ws/3cGFQ.

WIEN, P. (2017): *Arab Nationalism: The Politics of History and Culture in the Modern Middle East*, Abingdon, Routledge.

Títulos de la colección ¿Qué sabemos de?

1. **El LHC y la frontera de la física.** Alberto Casas
2. **El Alzheimer.** Ana Martínez
3. **Las matemáticas del sistema solar.** Manuel de León, Juan Carlos Marrero y David Martín de Diego
4. **El jardín de las galaxias.** Mariano Moles Villamate
5. **Las plantas que comemos.** Pere Puigdomènech
6. **Cómo protegernos de los peligros de Internet.** Gonzalo Álvarez Marañón
7. **El calamar gigante.** Ángel Guerra Sierra y Ángel González González
8. **Las matemáticas y la física del caos.** Manuel de León y Miguel Ángel F. Sanjuan
9. **Los neandertales.** Antonio Rosas
10. **Titán.** María Luisa Lara
11. **La nanotecnología.** Pedro A. Serena Domingo
12. **Las migraciones de España a Iberoamérica desde la Independencia.** Consuelo Naranjo Orovio
13. **El lado oscuro del universo.** Alberto Casas
14. **Cómo se comunican las neuronas.** Juan Lerma
15. **Los números.** Javier Cilleruelo y Antonio Córdoba
16. **Agroecología y producción ecológica.** Antonio Bello, Concepción Jordá y Julio César Tello
17. **La presunta autoridad de los diccionarios.** Javier López Facal
18. **El dolor.** Pilar Goya Laza y María Isabel Martín Fontelles
19. **Los microbios que comemos.** Alfonso V. Carrascosa
20. **El vino.** María Victoria Moreno-Arribas
21. **Plasma: el cuarto estado de la materia.** Teresa de los Arcos e Isabel Tanarro
22. **Los hongos.** María Teresa Tellería
23. **Los volcanes.** Joan Martí Molist
24. **El cáncer y los cromosomas.** Karel H. M. van Wely

25. **El síndrome de Down.** Salvador Martínez Pérez
26. **La química verde.** José Manuel López Nieto
27. **Princesas, abejas y matemáticas.** David Martín de Diego
28. **Los avances de la química.** Bernardo Herradón García
29. **Exoplanetas.** Álvaro Giménez
30. **La sordera.** Isabel Varela Nieto y Luis Lassaletta Atienza
31. **Cometas y asteroides.** Pedro José Gutiérrez Buenestado
32. **Incendios forestales.** Juli G. Pausas
33. **Paladear con el cerebro.** Francisco Javier Cudeiro Mazaira
34. **Meteoritos.** Josep María Trigo Rodríguez
35. **Parasitismo.** Juan José Soler
36. **El bosón de Higgs.** Alberto Casas y Teresa Rodrigo
37. **Exploración planetaria.** Rafael Rodrigo
38. **La geometría del universo.** Manuel de León
39. **La metamorfosis de los insectos.** Xavier Bellés
40. **La vida al límite.** Carlos Pedrós-Alió
41. **El significado de innovar.** Elena Castro Martínez e Ignacio Fernández de Lucio
42. **Los números trascendentes.** Javier Fresán y Juanjo Rué
43. **Extraterrestres.** Javier Gómez-Elvira y Daniel Martín Mayorga
44. **La vida en el universo.** F. Javier Martín-Torres y Juan Francisco Buenestado
45. **La cultura escrita.** José Manuel Prieto
46. **Biomateriales.** María Vallet Regí
47. **La caza como recurso renovable y la conservación de la naturaleza.** Jorge Cassinello Roldán
48. **Rompiendo códigos.** Manuel de León y Ágata Timón
49. **Las moléculas: cuando la luz te ayuda a vibrar.** José Vicente García Ramos
50. **Las células madre.** Karel H. M. van Wely
51. **Los metales en la Antigüedad.** Ignacio Montero
52. **El caballito de mar.** Miquel Planas Oliver
53. **La locura.** Rafael Huertas
54. **Las proteínas de los alimentos.** Rosina López Fandiño
55. **Los neutrinos.** Sergio Pastor Carpi
56. **Cómo funcionan nuestras gafas.** Sergio Barbero Briones
57. **El grafeno.** Rosa Menéndez y Clara Blanco
58. **Los agujeros negros.** José Luis Fernández Barbón
59. **Terapia génica.** Blanca Laffon, Vanessa Valdiglesias y Eduardo Pásaro
60. **Las hormonas.** Ana Aranda
61. **La mirada de Medusa.** Francisco Pelayo
62. **Robots.** Elena García Armada
63. **El Parkinson.** Carmen Gil y Ana Martínez
64. **Mecánica cuántica.** Salvador Miret Artés
65. **Los primeros homininos.** Antonio Rosas
66. **Las matemáticas de los cristales.** Manuel de León y Ágata Timón
67. **Del electrón al chip.** Gloria Huertas Sánchez, Luisa Huertas Sánchez y José L. Huertas Díaz

68. **La enfermedad celíaca.** Yolanda Sanz Herranz y María del Carmen Cénit Laguna
69. **La criptografía.** Luis Hernández Encinas
70. **La demencia.** Jesús Ávila
71. **Las enzimas.** Francisco J. Plou
72. **Las proteínas dúctiles.** Inmaculada Yruela Guerrero
73. **Las encuestas de opinión.** Joan Font Fàbregas y Sara Pasadas del Amo
74. **La alquimia.** Joaquín Pérez Pariente
75. **La epigenética.** Carlos Romá Mateos
76. **El chocolate.** María Ángeles Martín Arribas
77. **La evolución del género 'Homo'.** Antonio Rosas
78. **Neuromatemáticas.** José María Almira y Moisés Aguilar
79. **La microbiota intestinal.** Carmen Peláez y Teresa Requena
80. **El olfato.** Laura López-Mascaraque y José Ramón Alonso
81. **Las algas que comemos.** Miguel Herrero y Elena Ibáñez
82. **Los riesgos de la nanotecnología.** Marta Bermejo Bermejo y Pedro A. Serena Domingo
83. **Los desiertos y la desertificación.** Jaime Martínez Valderrama
84. **Matemáticas y ajedrez.** Razvan Iagar
85. **Los alucinógenos.** José Antonio López Sáez
86. **Las malas hierbas.** César Fernández-Quintanilla y José Luis González Andújar
87. **Inteligencia artificial.** Ramón López de Mántaras y Pedro Meseguer
88. **Las matemáticas de la luz.** Manuel de León y Ágata Timón
89. **Cultivos transgénicos.** José Pío Beltrán
90. **El Antropoceno.** Valentí Rull
91. **La gravedad.** Carlos Barceló Serón
92. **Cómo se fabrica un medicamento.** María del Carmen Fernández Alonso y Nuria E. Campillo
93. **Los falsos mitos de la alimentación.** Miguel Herrero
94. **El ruido.** Pedro Cobo Parra y María Cuesta Ruiz
95. **La locomoción.** Adrià Casinos Pardo
96. **Antimateria.** Beatriz Gato Rivera
97. **Las geometrías y otras revoluciones.** Marina Logares
98. **Enanas marrones.** María Cruz Gálvez Ortiz
99. **Las tierras raras.** Ricardo Prego Reboredo
100. **El LHC y la frontera de la física.** Alberto Casas
101. **La tabla periódica de los elementos químicos.** José Elguero Bertolino, Pilar Goya Laza y Pascual Román Polo
102. **La aceleración del universo.** Pilar Ruiz Lapuente
103. **Blockchain.** David Arroyo Guardeño, Jesús Díaz Vico y Luis Hernández Encinas
104. **El albinismo.** Lluís Montoliu José
105. **Biología cuántica.** Salvador Miret Artés
106. **Islam e islamismo.** Cristina de la Puente
107. **El ADN.** Carmen Mora Gallardo y Karel H. M. van Wely
108. **Big data.** David Ríos Insua y David Gómez-Ullate Oteiza
109. **Verdades y mentiras de la física cuántica.** Carlos Sabín

145. **Inteligencia artificial y medicina.** Miriam Cobo Cano y Lara Lloret Iglesias
146. **Cómo se comunican las neuronas.** Juan Lerma
147. **Megatsunamis.** Mercedes Ferrer Gijón
148. **Encuentros temporales entre astronomía y prehistoria.** Enrique Pérez Montero y Juan F. Gibaja Bao
149. **Cómo se comunican los animales.** Gonzalo M. Rodríguez Ruiz
150. **La ética de la inteligencia artificial.** Sara Degli-Esposti
151. **Nuestro sistema inmunitario.** Elena Campos Sánchez
152. **La ciencia y la cocina.** Marta Miguel Castro y Mario Sandoval Huertas
153. **Cementos y hormigones.** Francisca Puertas Maroto